高职高专"十三五"规划教材

机械专业

机械制图习题集

主　编　赵柏森　文　颖

副主编　傅建红　陈运胜　敖小宝

南京大学出版社

前　言

　　本习题集是与郭永成、陈勇亮主编的《机械制图》教材相配套的习题集,本书是根据教育部制定的高等学校工科院校机械制图教学基本要求和国家标准局最新发布的新标准,在充分总结各院校机械制图课程教学改革研究与实践的成果和经验基础上编写而成的。

　　本习题集主要特点:

　　(1)习题的编写以实用、够用为度,由易到难、由浅入深、前后衔接。

　　(2)结构体系与配套教材《机械制图》完全一致;

　　(3)本习题集共十个章节内容,编排基本做到一课一练,使教师讲完基本概念后学生有题可练,及时消化、巩固课堂所学内容。

　　(4)习题中安排了一定数量的构形练习和读图训练题,以提高学生的空间形体构思和表达能力。

　　本习题集适用于高职高专、成人高校机械类和近机械类各专业学生使用。

　　本习题集由重庆工业职业技术学院赵柏森、江西工业工程职业技术学院文颖担任主编,新余学院傅建红、广州华立科技职业学院陈运胜、新余学院敖小宝担任副主编,最后由赵柏森负责统稿。

　　本书在编写过程中参考了一些兄弟院校编写的教材和有关资料,并得到了有关单位和领导的支持与帮助,在此谨向关心、支持和帮助本教材编写工作的同志们表示衷心的谢意。

　　由于水平有限,书中难免出现缺点和错误,恳请读者批评指正。

编者
2016 年 5 月

目　录

第 1 章　机械制图的基本知识

1-1 字体练习。

机械制图绘图工具图纸比例字体图线尺寸标注
几何作图正投影三视图棱柱棱锥圆柱圆球圆环
主视图俯视图左视图截交相贯正等轴测组合体
图样基本视图向视图局部视图剖视图全剖半剖
断面图移出断面重合断面局部放大图简化画法
标准件螺纹及其紧固件键销及其连接齿轮弹簧
零件图尺寸基准极限与配合几何公差工艺结构

A B C D E F G H I J K L M N O P Q R S T U V W X Y Z Ø

b c d e f g h i j k l m n o p q r s t u v w x y z　　　*1 2 3 4 5 6 7 8 9 0*

班级		姓名		学号		审核	

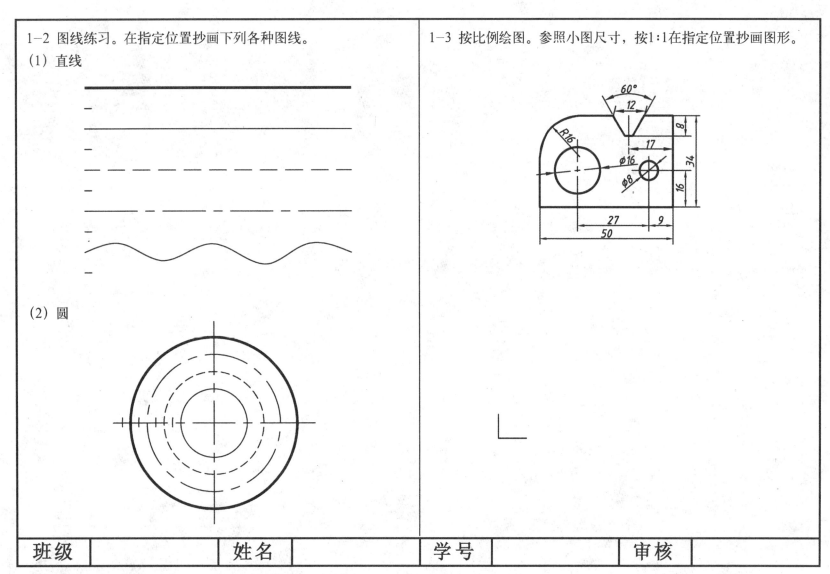

1-2 图线练习。在指定位置抄画下列各种图线。

(1) 直线

(2) 圆

1-3 按比例绘图。参照小图尺寸，按1:1在指定位置抄画图形。

| 班级 | | 姓名 | | 学号 | | 审核 | |

· 2 ·

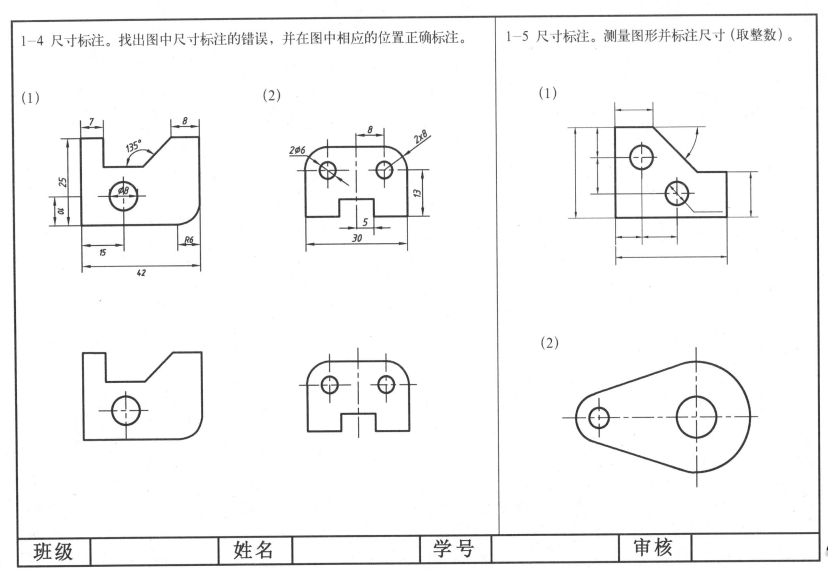

1-4 尺寸标注。找出图中尺寸标注的错误，并在图中相应的位置正确标注。

(1)

(2)

1-5 尺寸标注。测量图形并标注尺寸(取整数)。

(1)

(2)

班级		姓名		学号		审核	

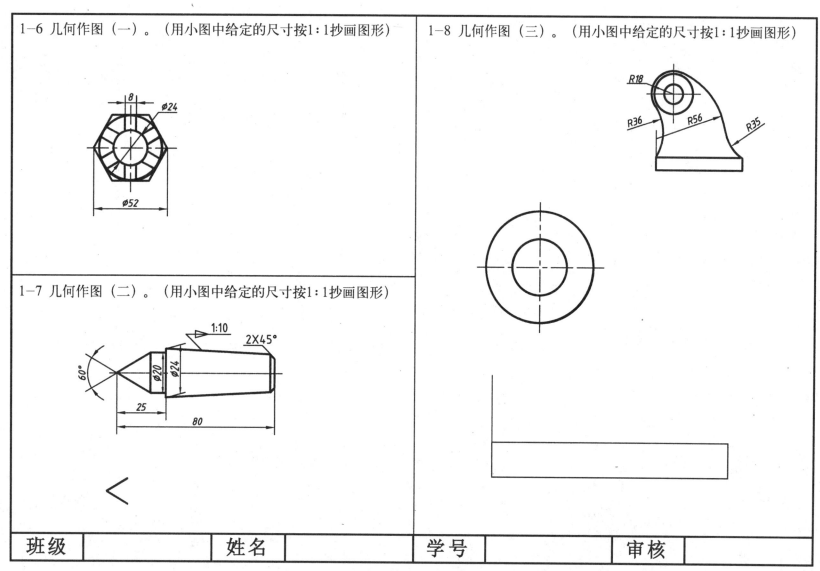

1-6 几何作图（一）。（用小图中给定的尺寸按1：1抄画图形）

1-7 几何作图（二）。（用小图中给定的尺寸按1：1抄画图形）

1-8 几何作图（三）。（用小图中给定的尺寸按1：1抄画图形）

班级		姓名		学号		审核	

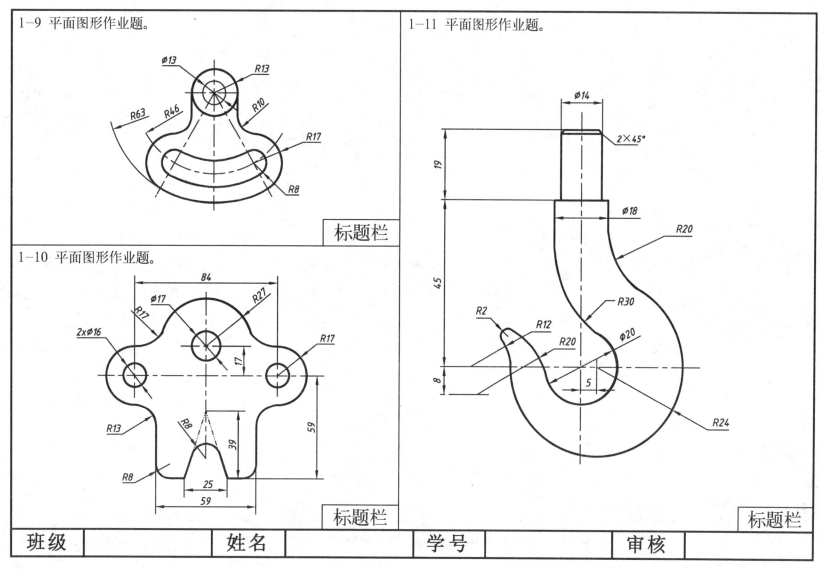

1-9 平面图形作业题。

∅13 R13 R10 R63 R46 R17 R8

标题栏

1-10 平面图形作业题。

84 ∅17 R27 R17 2x∅16 R17 17 R8 39 59 R13 R8 25 59

标题栏

1-11 平面图形作业题。

∅14 2×45° 19 ∅18 R20 45 R2 R12 R30 R20 ∅20 8 5 R24

标题栏

班级		姓名		学号		审核	

第 2 章 正投影的基本知识

2—1 点的投影。按给定点的坐标分别作点的三面投影图，并判断其空间位置（*H*、*V*、*W*面上、*X*、*Y*、*Z*轴、原点上、一般位置点）。

	A	B	C	D	E	F	G	H
X	10	12	8	0	14	0	0	0
Y	12	8	0	10	0	12	0	0
Z	10	0	13	15	0	0	10	0
空间位置								

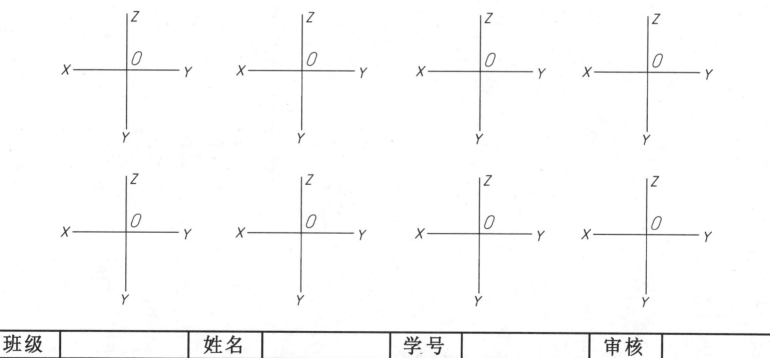

2-2 已知点A在V面之前18,点B在H面之上5,点C在V面上,点D在H面上,点E在投影轴上,补全诸点的两面投影。

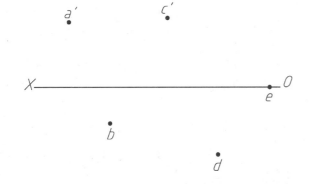

2-3 已知各点的两面投影,求第三面投影。

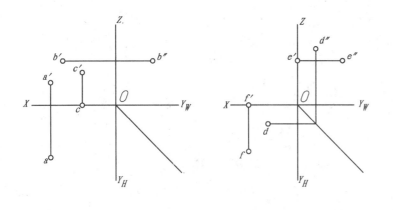

2-4 已知点B在点A左方10mm,下方15mm,前方10mm,点C在点A的正前方15mm,试求点B和C的三面投影。

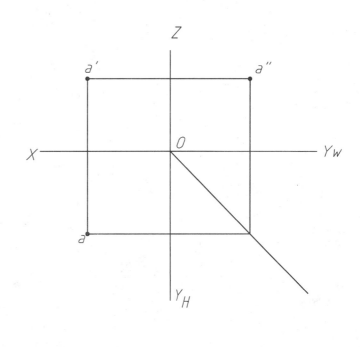

班级		姓名		学号		审核	

2-5 已知直线的端点坐标，作出下列直线的三面投影，并判别其
　　相对投影面的位置。

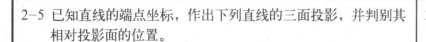

A(23,9,10) B(8,9,18)　　C(12,5,15) D(12,16,5)

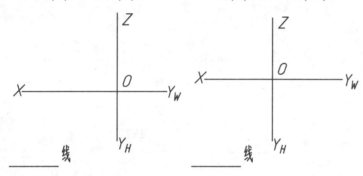

_____ 线　　　　　　　_____ 线

E(19,12,10) F(6,12,10)　　K(18,17,13) L(9,8,5)

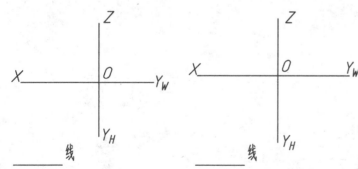

_____ 线　　　　　　　_____ 线

2-6 判别下列图中指定直线是属于哪一种直线。

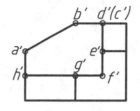
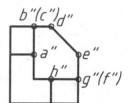
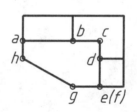
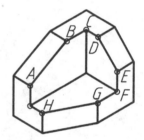

AB 是 _____　　　　　　BC 是 _____

CD 是 _____　　　　　　DE 是 _____

EF 是 _____　　　　　　GH 是 _____

班级		姓名		学号		审核	

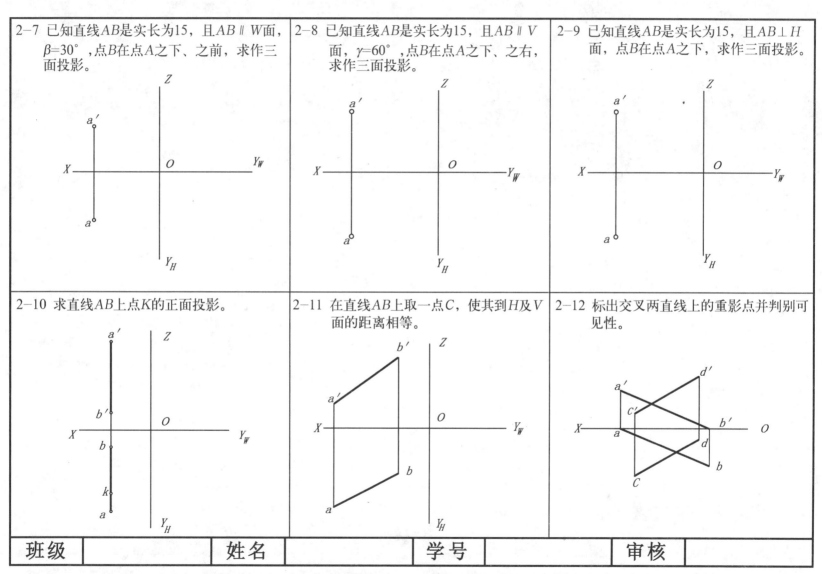

2-7 已知直线AB是实长为15，且AB∥W面，β=30°，点B在点A之下、之前，求作三面投影。

2-8 已知直线AB是实长为15，且AB∥V面，γ=60°，点B在点A之下、之右，求作三面投影。

2-9 已知直线AB是实长为15，且AB⊥H面，点B在点A之下，求作三面投影。

2-10 求直线AB上点K的正面投影。

2-11 在直线AB上取一点C，使其到H及V面的距离相等。

2-12 标出交叉两直线上的重影点并判别可见性。

班级		姓名		学号		审核	

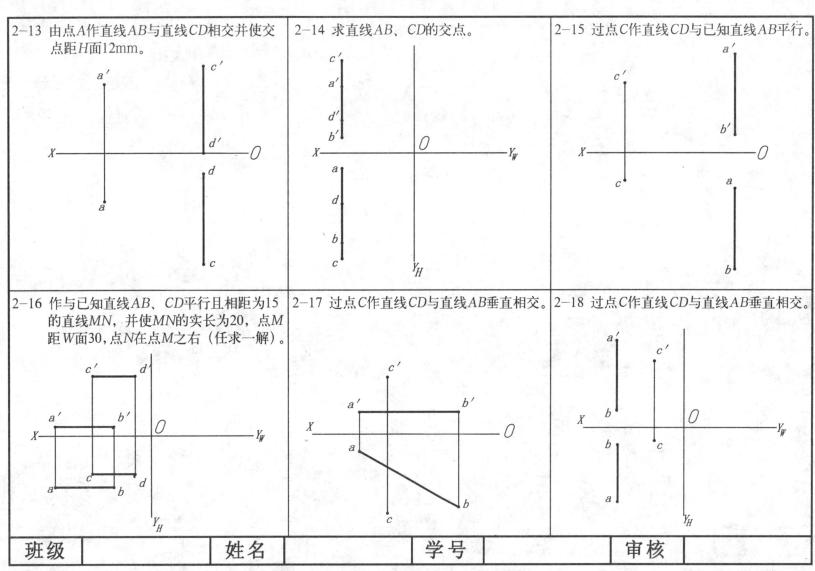

2-13 由点A作直线AB与直线CD相交并使交点距H面12mm。

2-14 求直线AB、CD的交点。

2-15 过点C作直线CD与已知直线AB平行。

2-16 作与已知直线AB、CD平行且相距为15的直线MN，并使MN的实长为20，点M距W面30，点N在点M之右（任求一解）。

2-17 过点C作直线CD与直线AB垂直相交。

2-18 过点C作直线CD与直线AB垂直相交。

| 班级 | | 姓名 | | 学号 | | 审核 | |

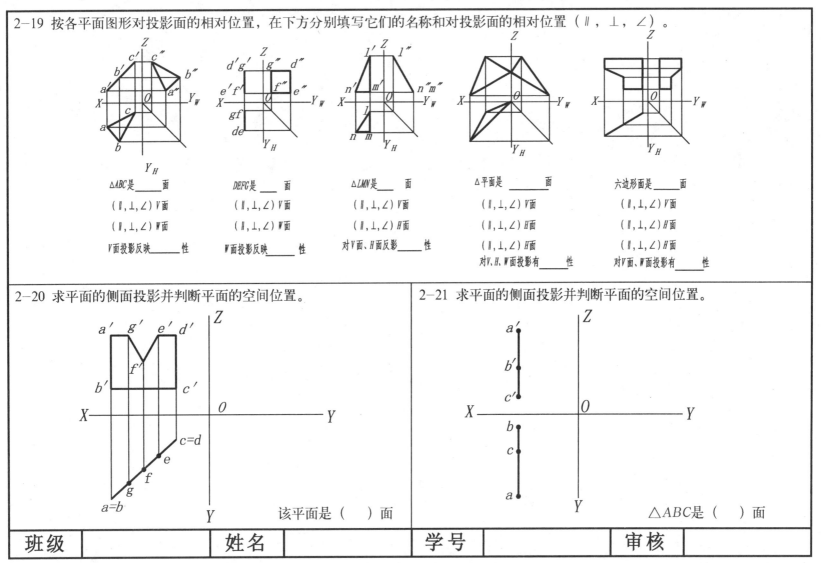

2-19 按各平面图形对投影面的相对位置，在下方分别填写它们的名称和对投影面的相对位置（∥，⊥，∠）。

△ABC是____面

（∥，⊥，∠）V面

（∥，⊥，∠）W面

V面投影反映____性

DEFG是____面

（∥，⊥，∠）V面

（∥，⊥，∠）W面

W面投影反映____性

△LMN是____面

（∥，⊥，∠）V面

（∥，⊥，∠）H面

对V面、H面反映____性

△平面是____面

（∥，⊥，∠）V面

（∥，⊥，∠）H面

（∥，⊥，∠）H面

对V、H、W面投影有____性

六边形面是____面

（∥，⊥，∠）V面

（∥，⊥，∠）H面

（∥，⊥，∠）H面

对V面、W面投影有____性

2-20 求平面的侧面投影并判断平面的空间位置。

该平面是（　　）面

2-21 求平面的侧面投影并判断平面的空间位置。

△ABC是（　　）面

班级		姓名		学号		审核	

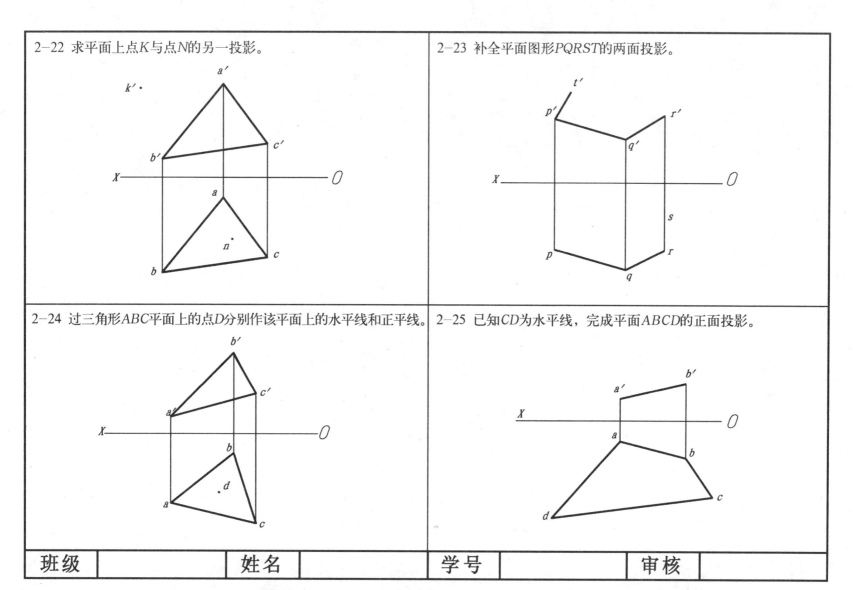

2-22 求平面上点K与点N的另一投影。

2-23 补全平面图形PQRST的两面投影。

2-24 过三角形ABC平面上的点D分别作该平面上的水平线和正平线。

2-25 已知CD为水平线，完成平面ABCD的正面投影。

| 班级 | | 姓名 | | 学号 | | 审核 | |

第3章 基 本 体

3-1 作平面、立体第三面投影及其表面上的点、线的投影。

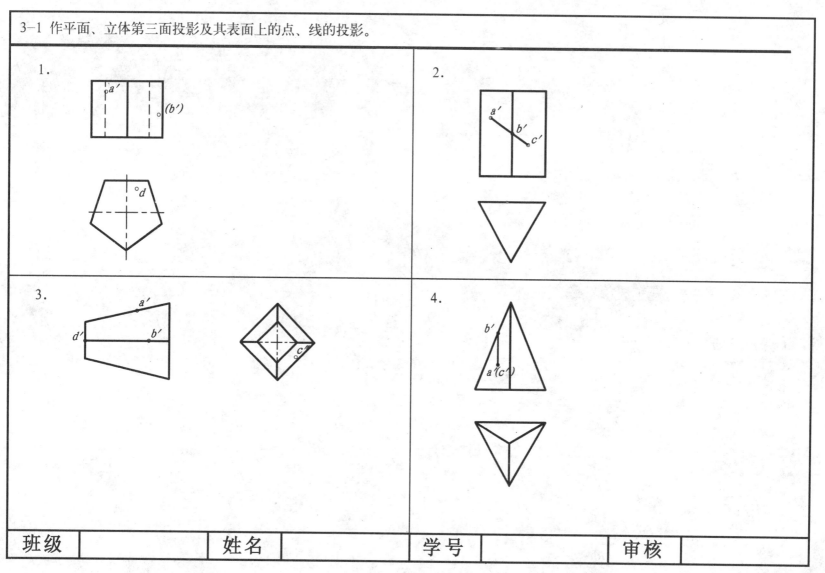

1.

2.

3.

4.

班级		姓名		学号		审核	

3-2 看懂所给视图，分别找出它们的立体图，将对应序号填写在方格内。

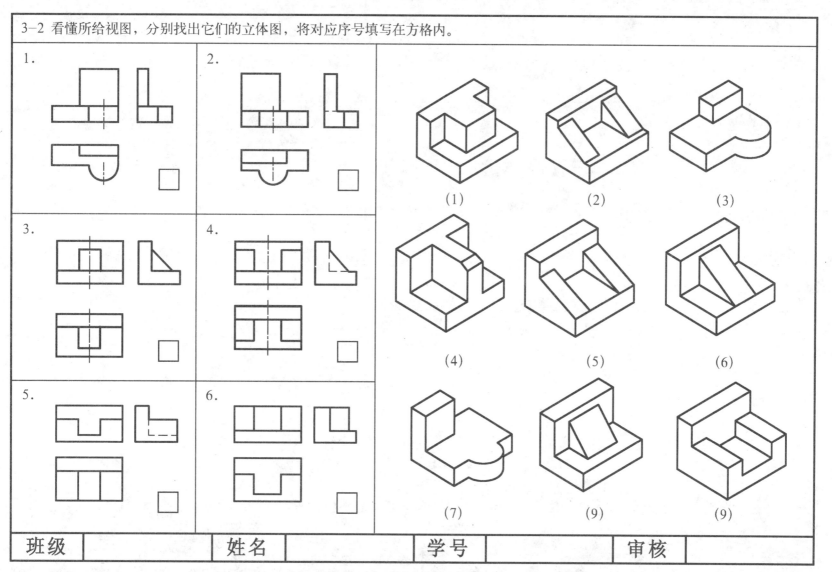

1.

2.

3.

4.

5.

6.

(1)

(2)

(3)

(4)

(5)

(6)

(7)

(9)

(9)

| 班级 | | 姓名 | | 学号 | | 审核 | |

3-3 已知回转体表面上点的一面投影，求作另两面投影，并说明它们的空间位置。

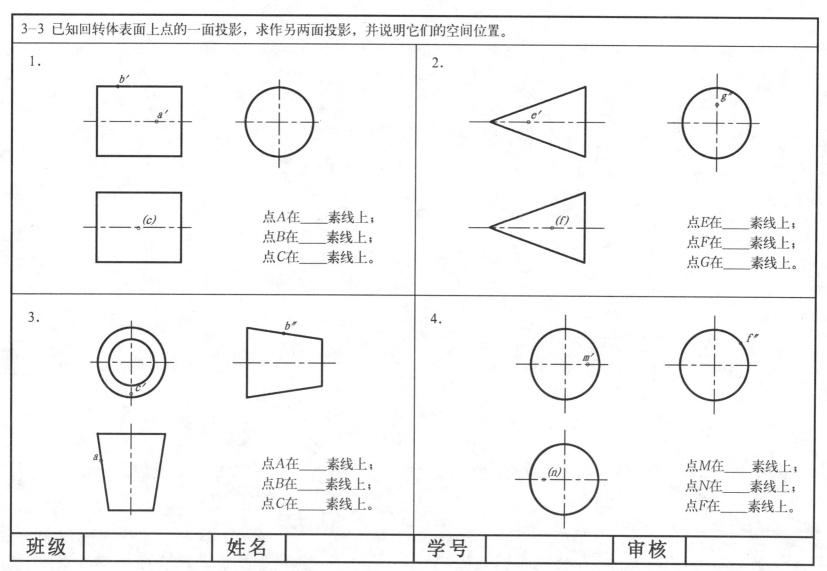

1.

点A在____素线上；
点B在____素线上；
点C在____素线上。

2.

点E在____素线上；
点F在____素线上；
点G在____素线上。

3.

点A在____素线上；
点B在____素线上；
点C在____素线上。

4.

点M在____素线上；
点N在____素线上；
点F在____素线上。

班级		姓名		学号		审核	

第 4 章　立体的表面交线

4-1 求作左视图并用彩色笔勾画出平面P的投影。

4-2 求作俯视图并用彩色笔勾画出平面Q的投影。

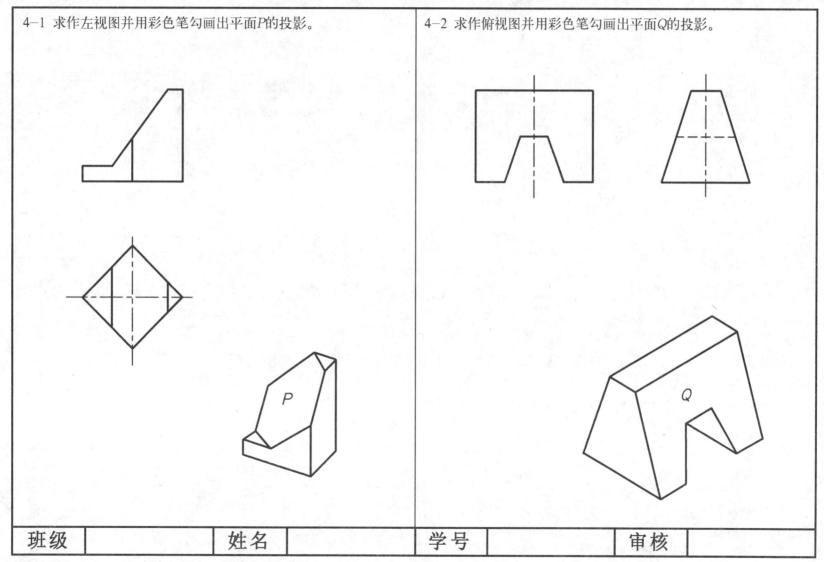

| 班级 | | 姓名 | | 学号 | | 审核 | |

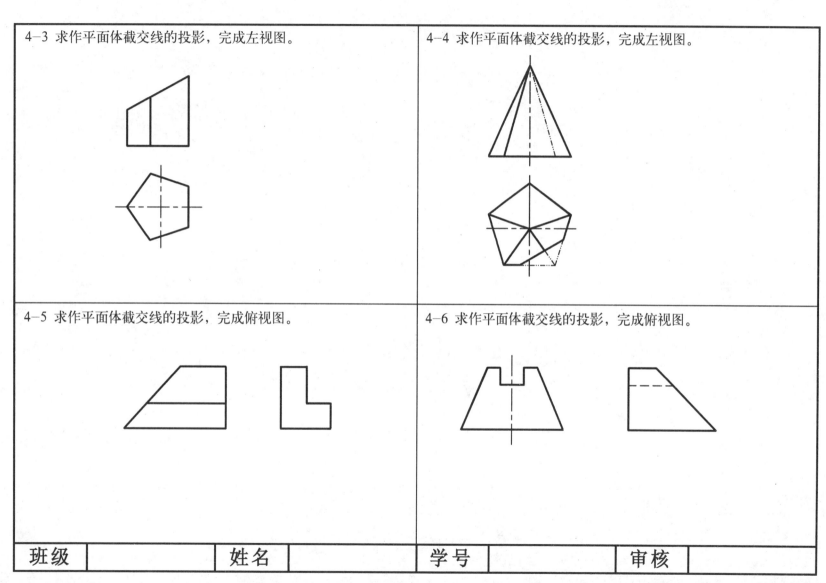

4-3 求作平面体截交线的投影，完成左视图。

4-4 求作平面体截交线的投影，完成左视图。

4-5 求作平面体截交线的投影，完成俯视图。

4-6 求作平面体截交线的投影，完成俯视图。

班级		姓名		学号		审核	

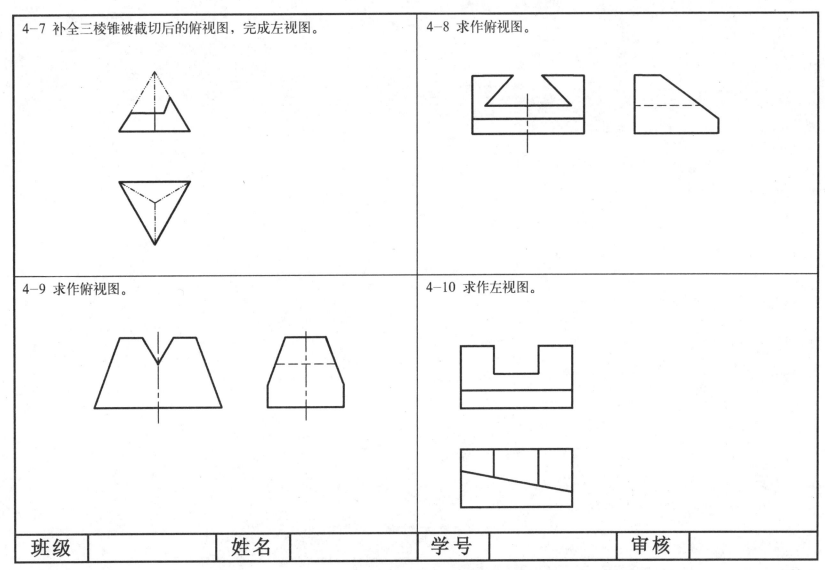

4-7 补全三棱锥被截切后的俯视图，完成左视图。

4-8 求作俯视图。

4-9 求作俯视图。

4-10 求作左视图。

| 班级 | | 姓名 | | 学号 | | 审核 | |

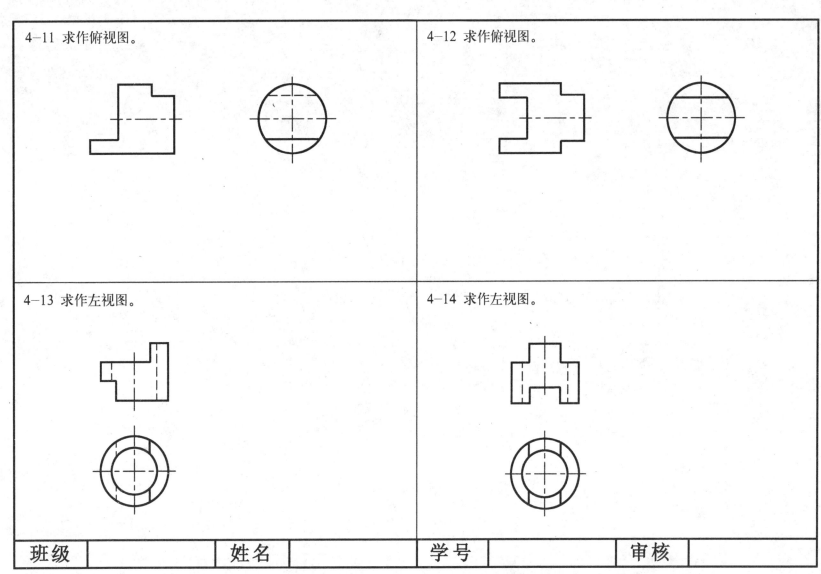

4-11 求作俯视图。

4-12 求作俯视图。

4-13 求作左视图。

4-14 求作左视图。

班级		姓名		学号		审核	

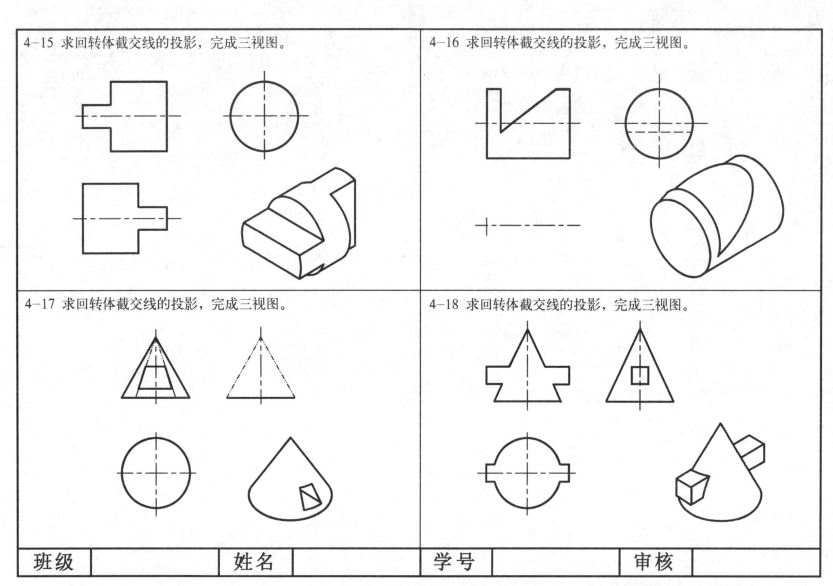

4-15 求回转体截交线的投影，完成三视图。

4-16 求回转体截交线的投影，完成三视图。

4-17 求回转体截交线的投影，完成三视图。

4-18 求回转体截交线的投影，完成三视图。

班级		姓名		学号		审核	

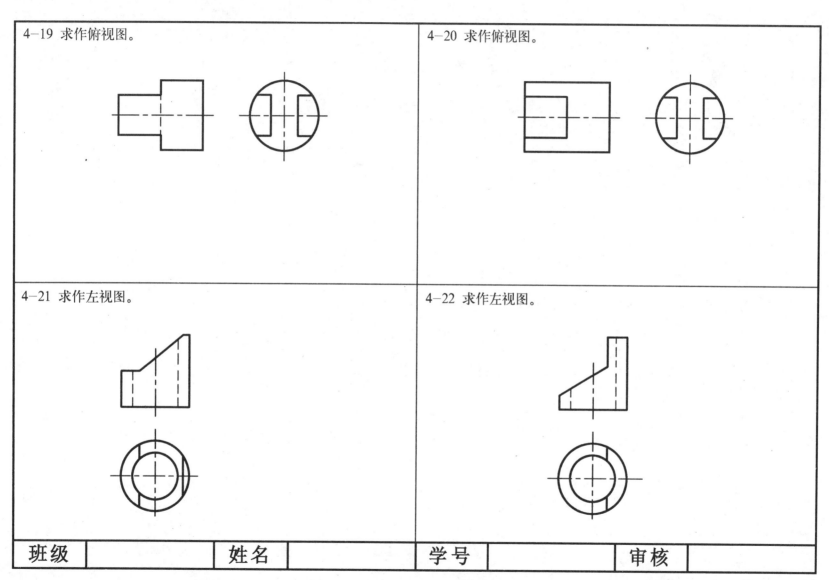

4-19 求作俯视图。

4-20 求作俯视图。

4-21 求作左视图。

4-22 求作左视图。

班级		姓名		学号		审核	

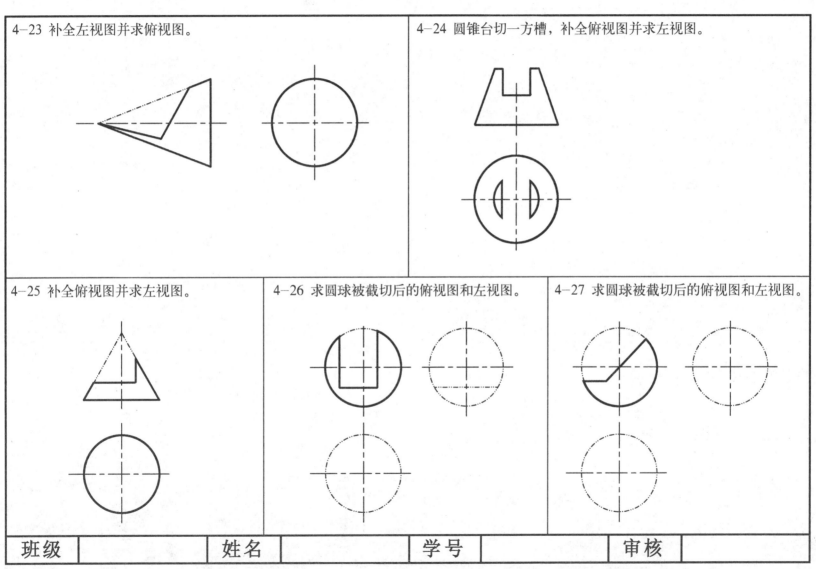

4-23 补全左视图并求俯视图。

4-24 圆锥台切一方槽，补全俯视图并求左视图。

4-25 补全俯视图并求左视图。

4-26 求圆球被截切后的俯视图和左视图。

4-27 求圆球被截切后的俯视图和左视图。

| 班级 | | 姓名 | | 学号 | | 审核 | |

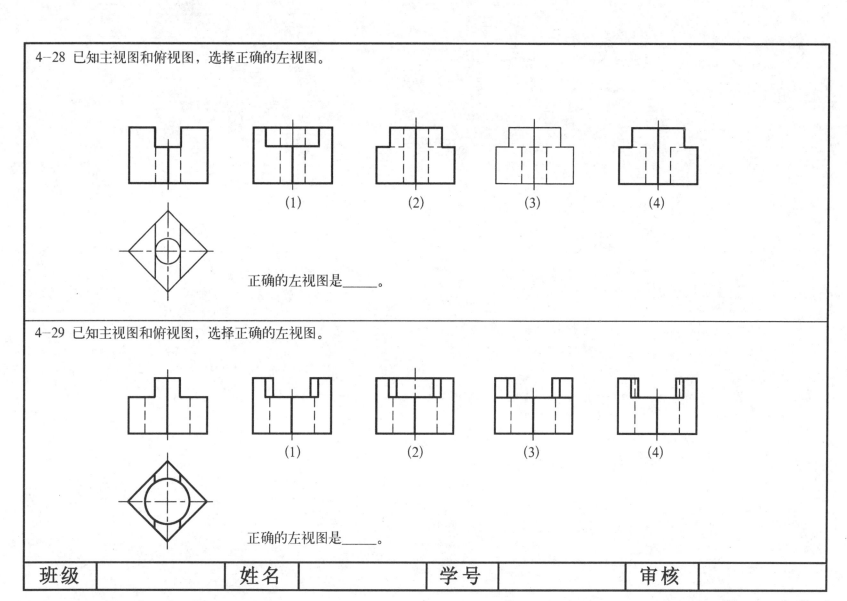

4-28 已知主视图和俯视图，选择正确的左视图。

(1)　　　　(2)　　　　(3)　　　　(4)

正确的左视图是_____。

4-29 已知主视图和俯视图，选择正确的左视图。

(1)　　　　(2)　　　　(3)　　　　(4)

正确的左视图是_____。

班级		姓名		学号		审核	

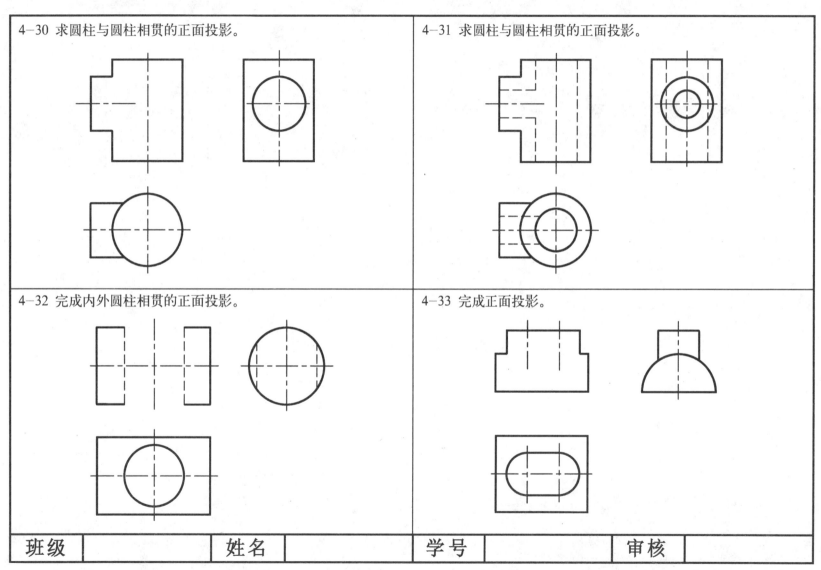

4-30 求圆柱与圆柱相贯的正面投影。

4-31 求圆柱与圆柱相贯的正面投影。

4-32 完成内外圆柱相贯的正面投影。

4-33 完成正面投影。

| 班级 | | 姓名 | | 学号 | | 审核 | |

4-34 求圆柱与圆柱相贯。

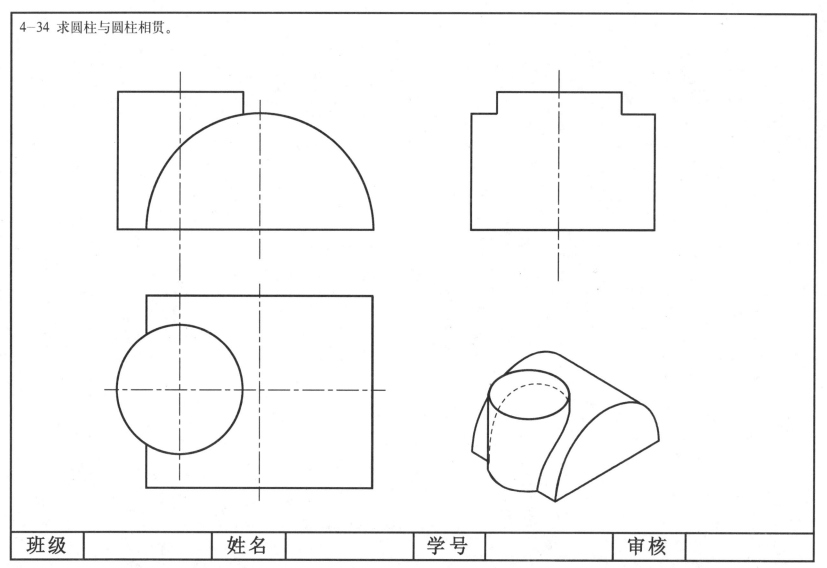

班级		姓名		学号		审核	

4-35 综合练习。

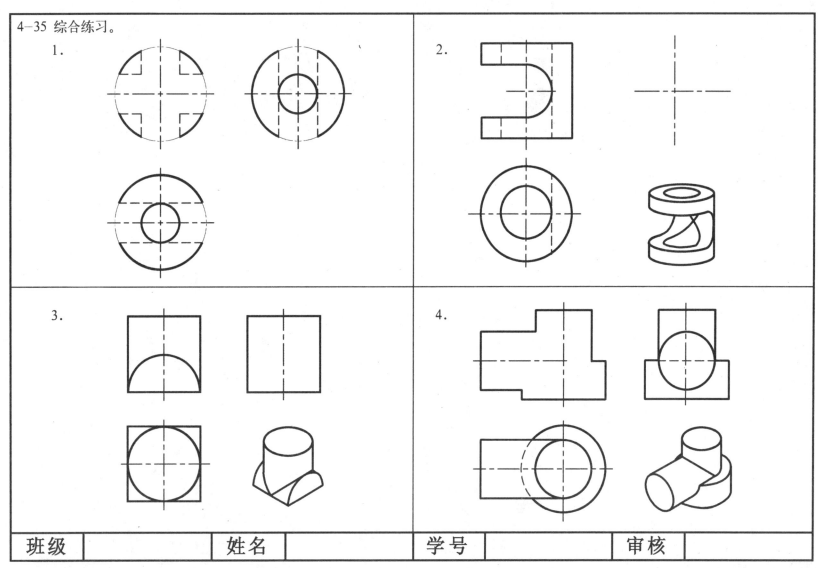

1.

2.

3.

4.

第 5 章 轴 测 图

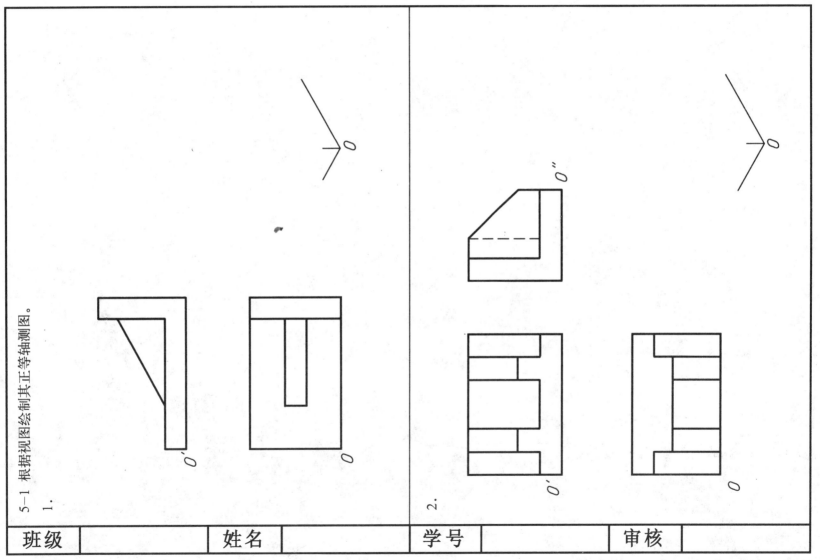

5-1 根据视图绘制其正等轴测图。

1.

2.

班级		姓名		学号		审核	

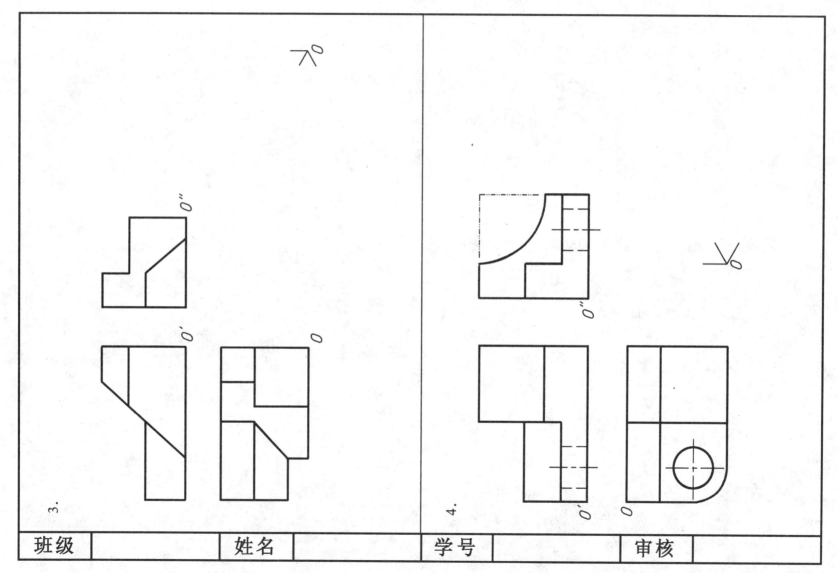

3.

4.

班级		姓名		学号		审核	

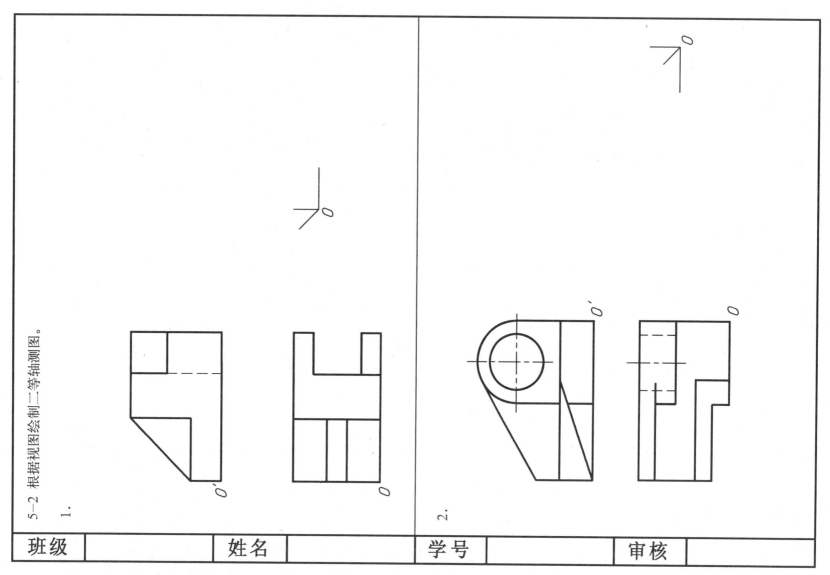

5-2 根据视图绘制二等轴测图。

1.

2.

班级		姓名		学号		审核	

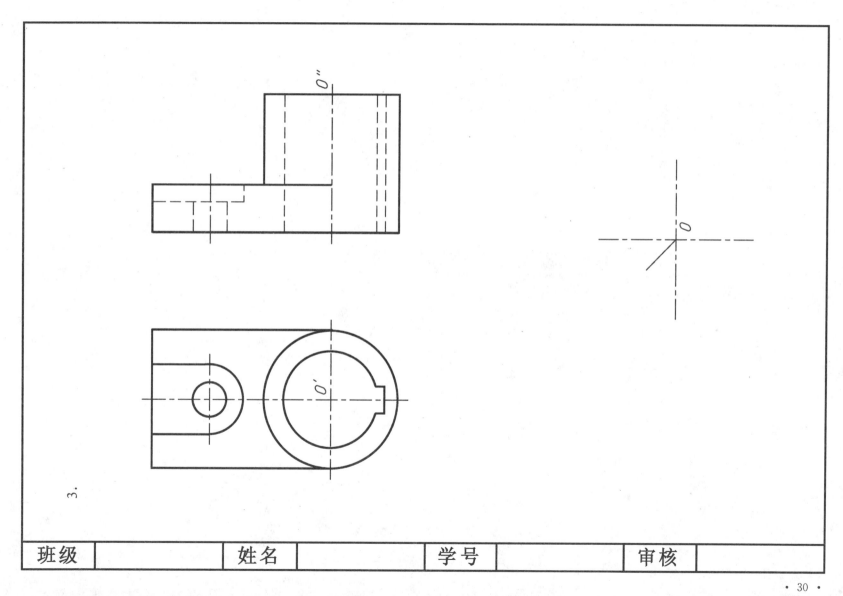

3.

| 班级 | | 姓名 | | 学号 | | 审核 | |

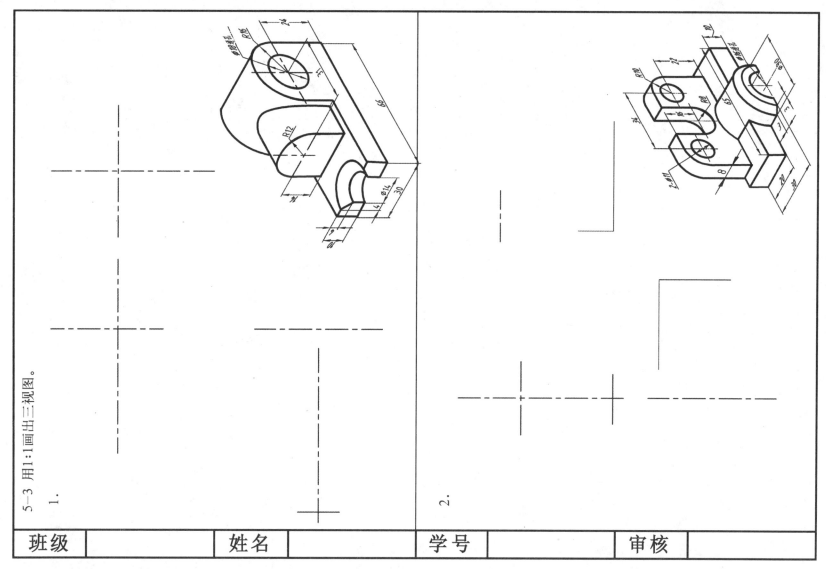

5-3 用1:1画出三视图。

1.

2.

| 班级 | | 姓名 | | 学号 | | 审核 | |

第 6 章 组 合 体

6-1 根据轴测图画出三视图（未定尺寸从立体图上量取）。

6-2 根据轴测图画出三视图（未定尺寸从立体图上量取）。

班级		姓名		学号		审核	

6-3 补画视图中所缺的图线。

1.

2.

3.

4.

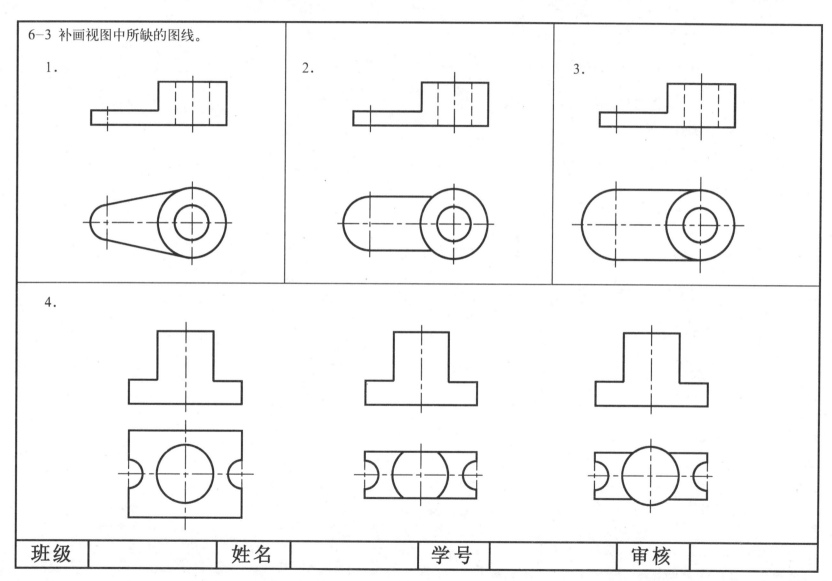

6-4 读两视图，补画第三视图。

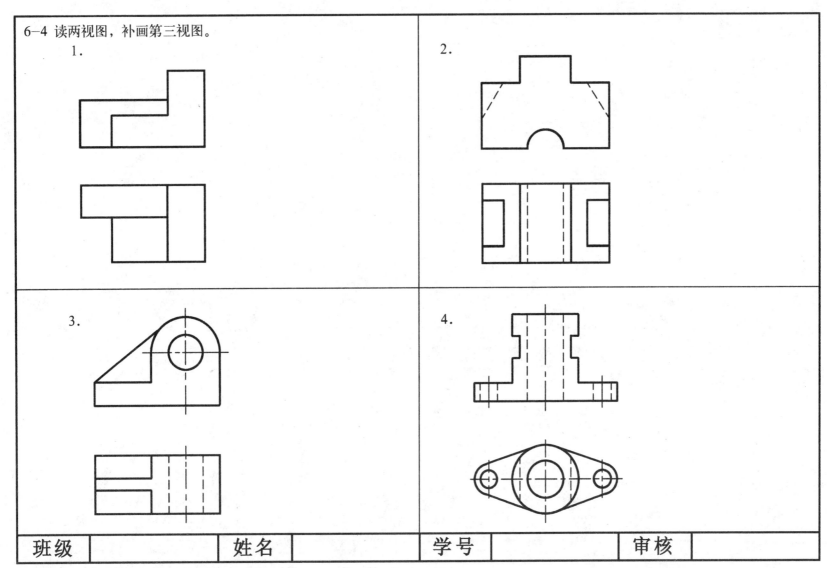

1.

2.

3.

4.

班级		姓名		学号		审核	

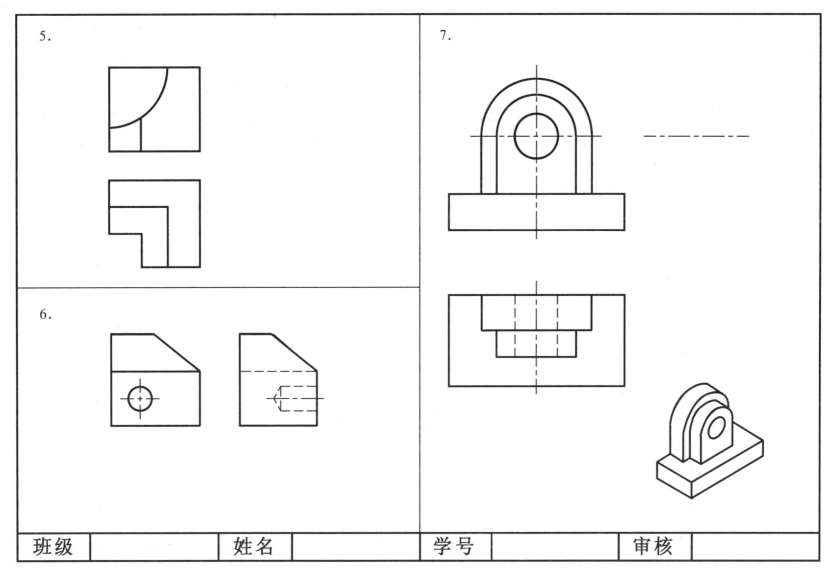

5.

6.

7.

| 班级 | | 姓名 | | 学号 | | 审核 | |

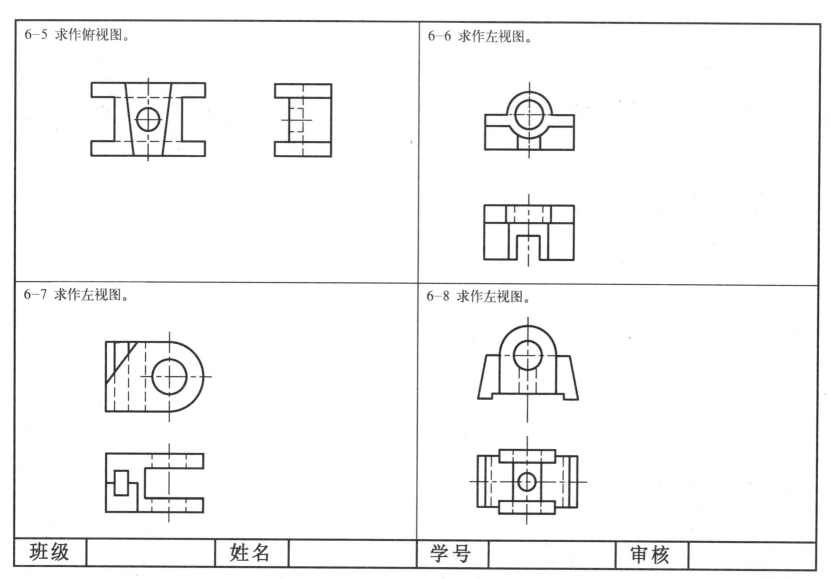

6-5 求作俯视图。

6-6 求作左视图。

6-7 求作左视图。

6-8 求作左视图。

| 班级 | | 姓名 | | 学号 | | 审核 | |

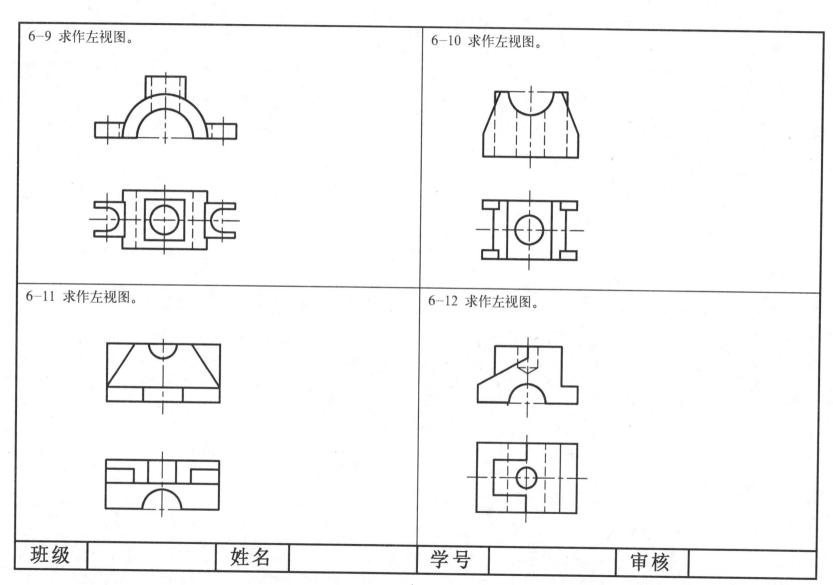

6-9 求作左视图。

6-10 求作左视图。

6-11 求作左视图。

6-12 求作左视图。

| 班级 | | 姓名 | | 学号 | | 审核 | |

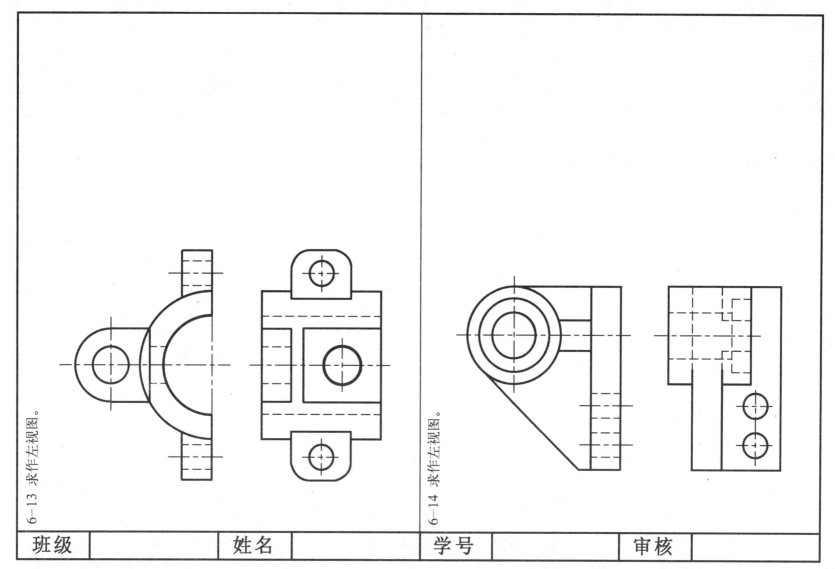

6-13 求作左视图。

6-14 求作左视图。

班级		姓名		学号		审核	

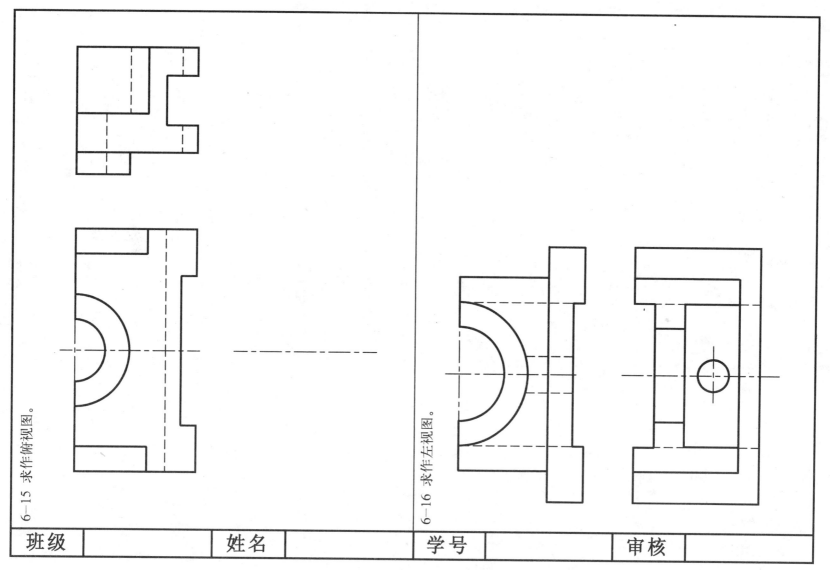

6-15 求作俯视图。

6-16 求作左视图。

班级		姓名		学号		审核	

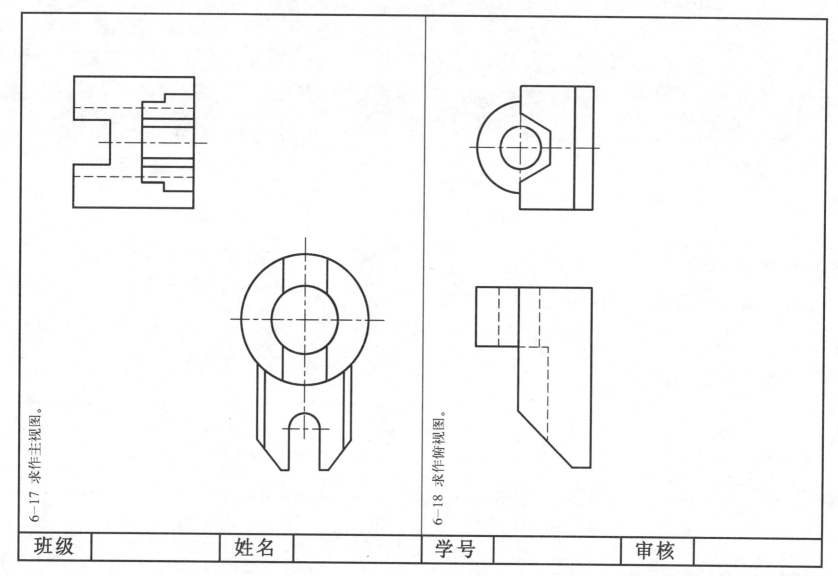

6-17 求作主视图。

6-18 求作俯视图。

班级		姓名		学号		审核	

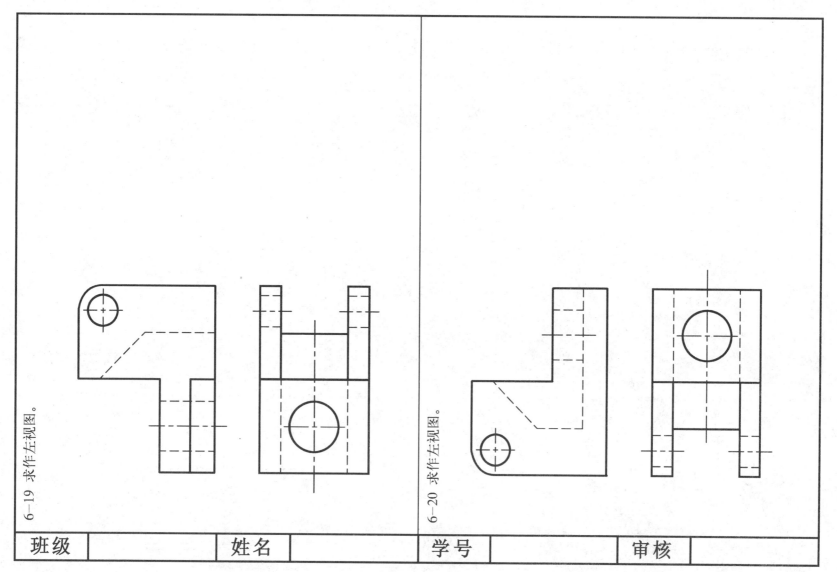

6-19 求作左视图。

6-20 求作左视图。

班级		姓名		学号		审核	

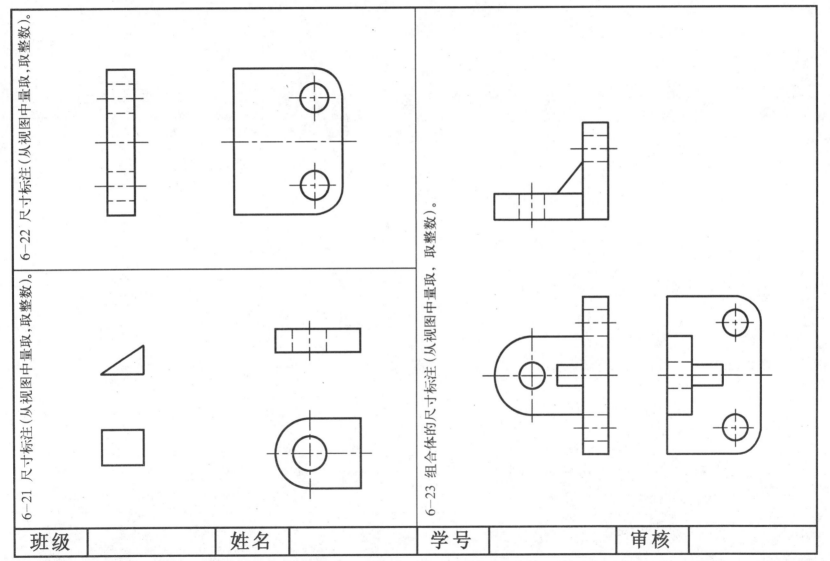

6-21 尺寸标注（从视图中量取，取整数）。

6-22 尺寸标注（从视图中量取，取整数）。

6-23 组合体的尺寸标注（从视图中量取，取整数）。

班级		姓名		学号		审核	

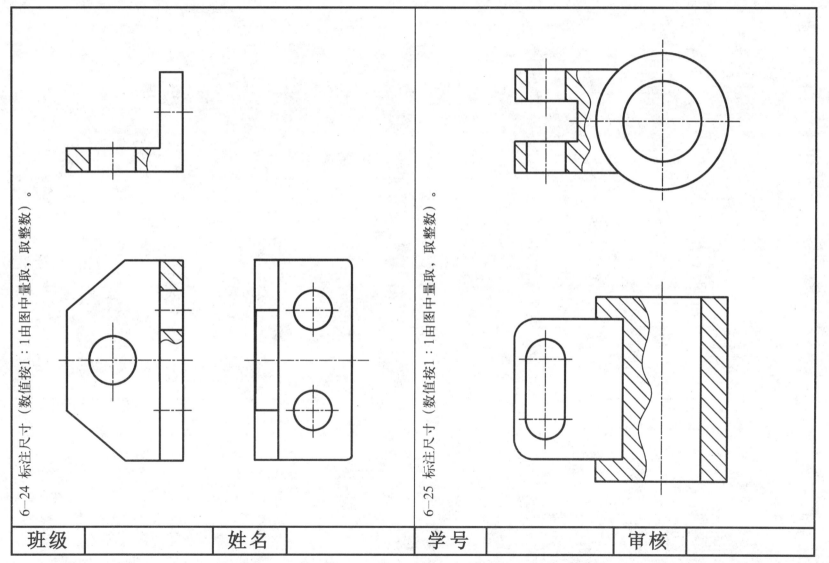

6-24 标注尺寸（数值按1∶1由图中量取，取整数）。

6-25 标注尺寸（数值按1∶1由图中量取，取整数）。

| 班级 | | 姓名 | | 学号 | | 审核 | |

6-26 求作三视图。

6-27 求作三视图。

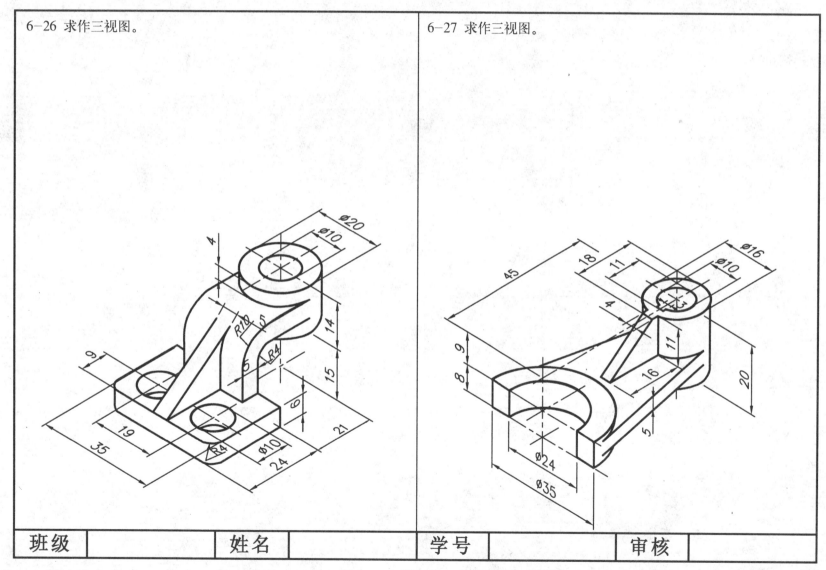

| 班级 | | 姓名 | | 学号 | | 审核 | |

第 7 章 图样画法

7-1 视图（根据主、俯、左三视图，补画右、后、仰三视图）。

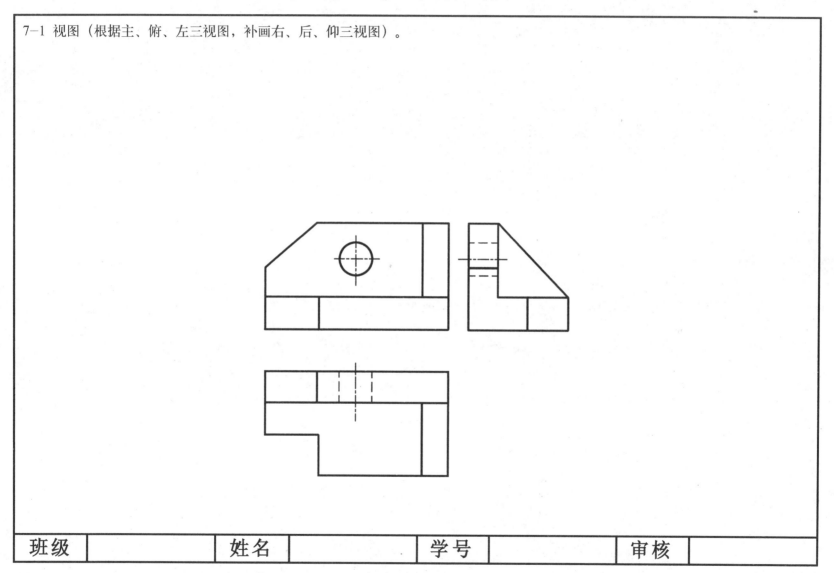

班级		姓名		学号		审核	

7—2 视图（根据主视图和轴测图，补画一个斜视图和一个局部视图，将机件的形状表达清楚）。

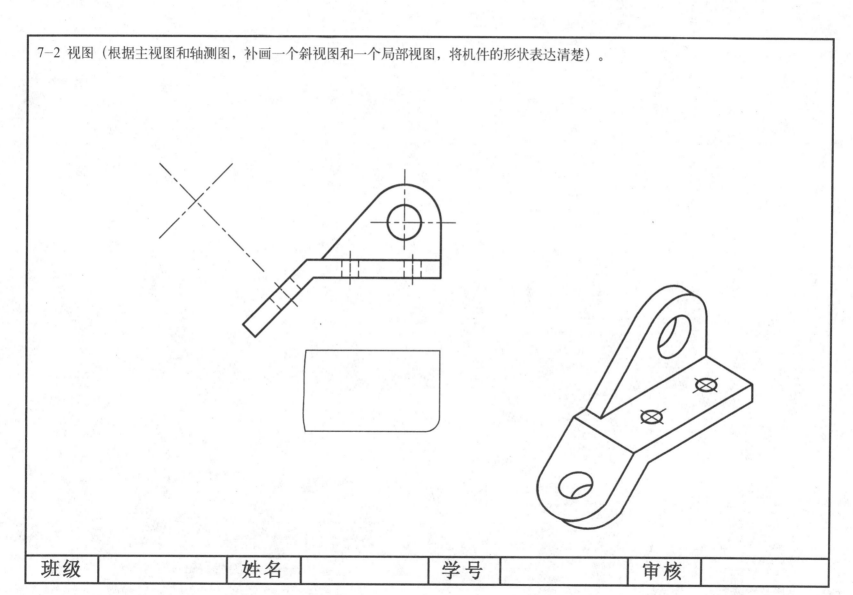

班级		姓名		学号		审核	

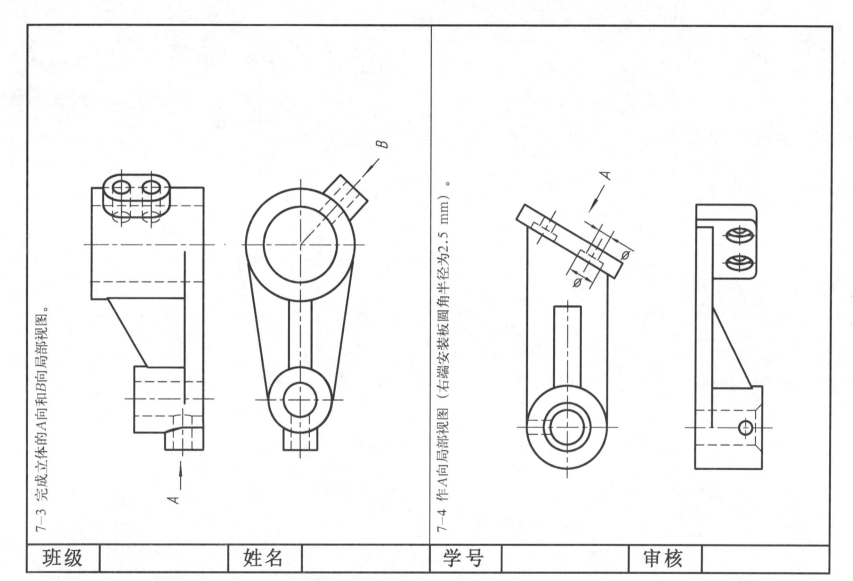

7-3 完成立体的A向和B向局部视图。

7-4 作A向局部视图（右端安装板板圆角圆半径为2.5 mm）。

班级		姓名		学号		审核	

7-5 改正剖视图中的错误（将缺的线补上，多余的线上打"×"）。

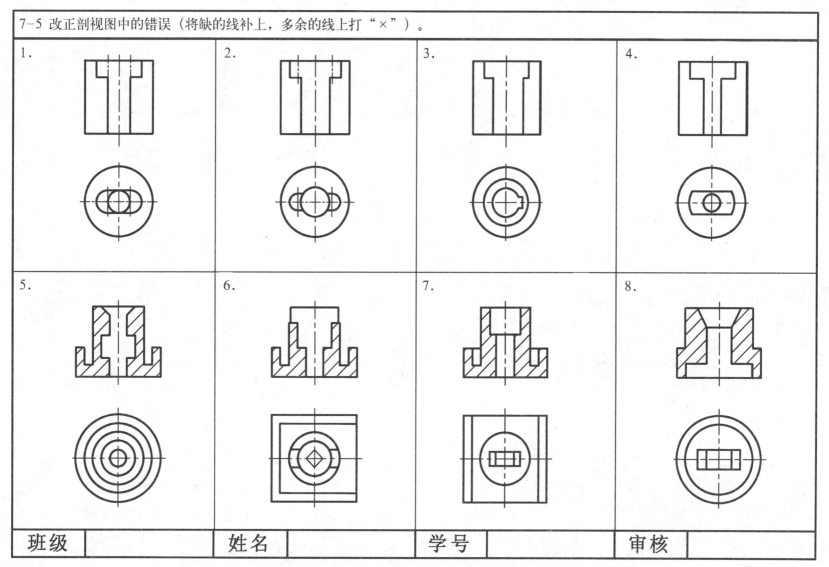

| 班级 | | 姓名 | | 学号 | | 审核 | |

7-6 剖视图的概念（参照轴测图，将主视图画出剖视图）。

7-7 剖视图的概念（参照轴测图，将主视图画出剖视图）。

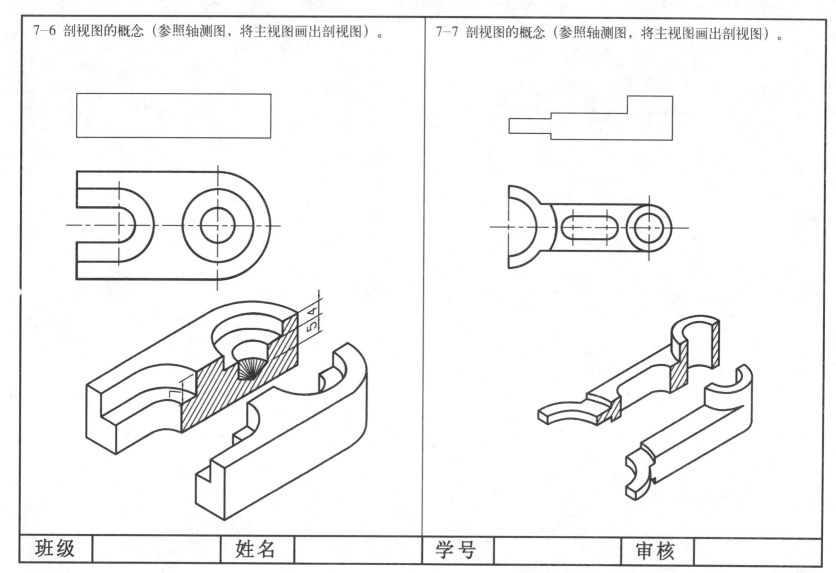

| 班级 | | 姓名 | | 学号 | | 审核 | |

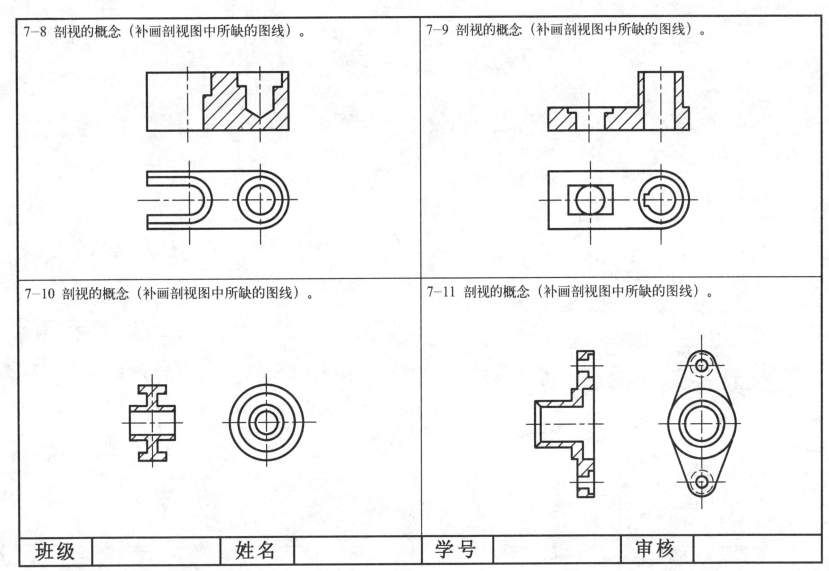

7-8 剖视的概念（补画剖视图中所缺的图线）。

7-9 剖视的概念（补画剖视图中所缺的图线）。

7-10 剖视的概念（补画剖视图中所缺的图线）。

7-11 剖视的概念（补画剖视图中所缺的图线）。

班级		姓名		学号		审核	

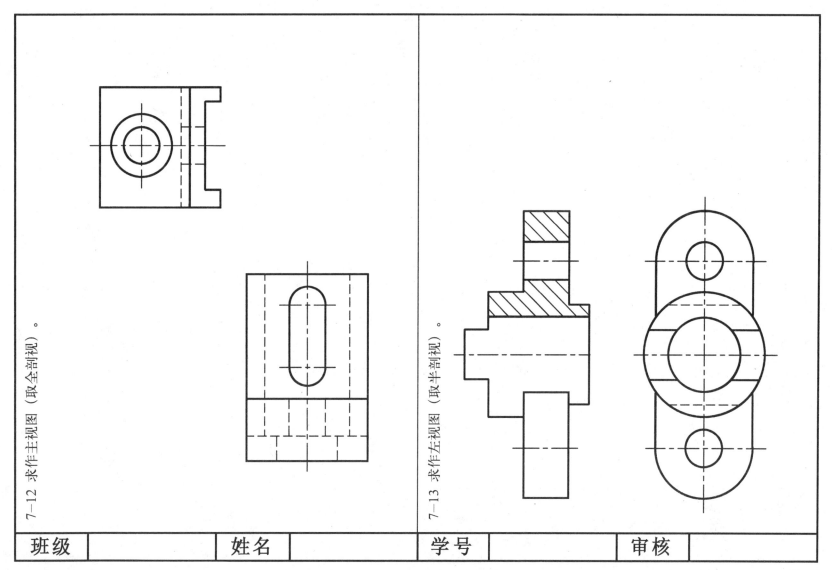

7-12 求作主视图（取全剖视）。

7-13 求作左视图（取半剖视）。

班级		姓名		学号		审核	

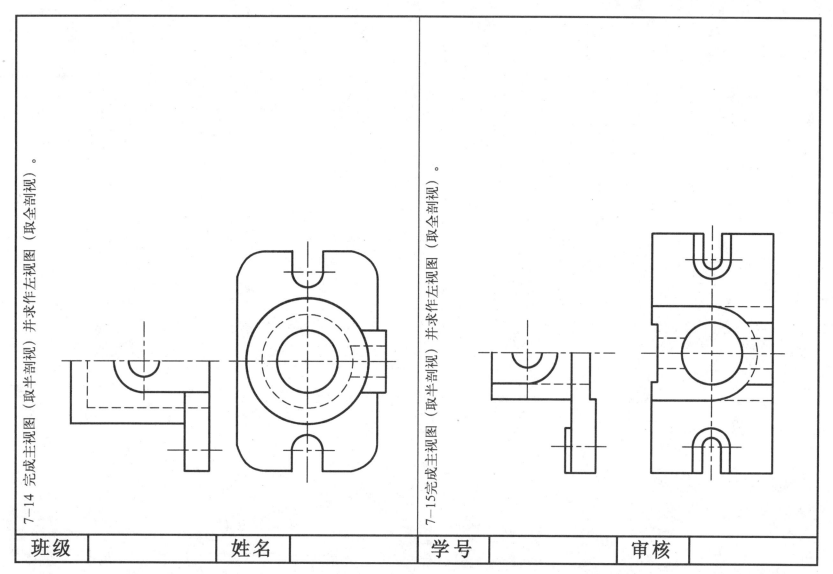

7-14 完成主视图（取半剖视）并求作左视图（取全剖视）。

7-15完成主视图（取半剖视）并求作左视图（取全剖视）。

班级		姓名		学号		审核	

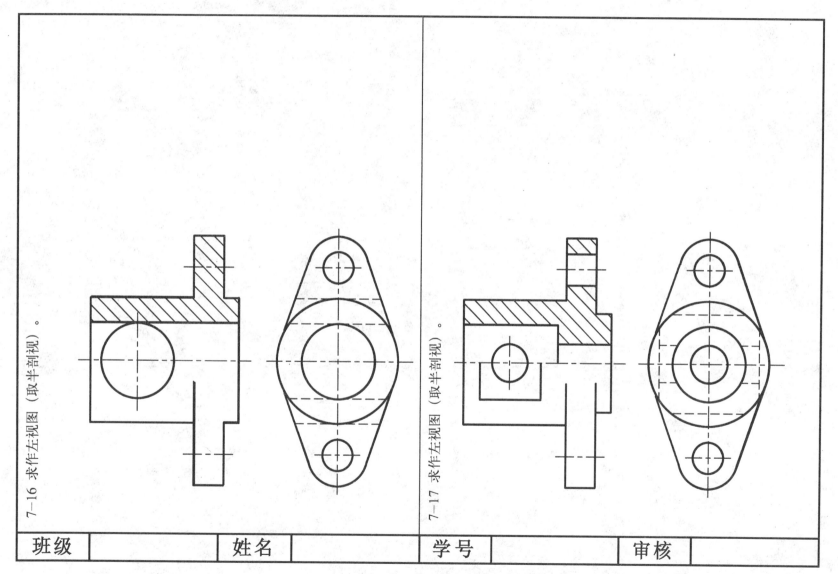

7-16 求作左视图（取半剖视）。

7-17 求作左视图（取半剖视）。

班级		姓名		学号		审核	

7-18 将主视图和俯视图改画成局部剖视图（画在右边）。

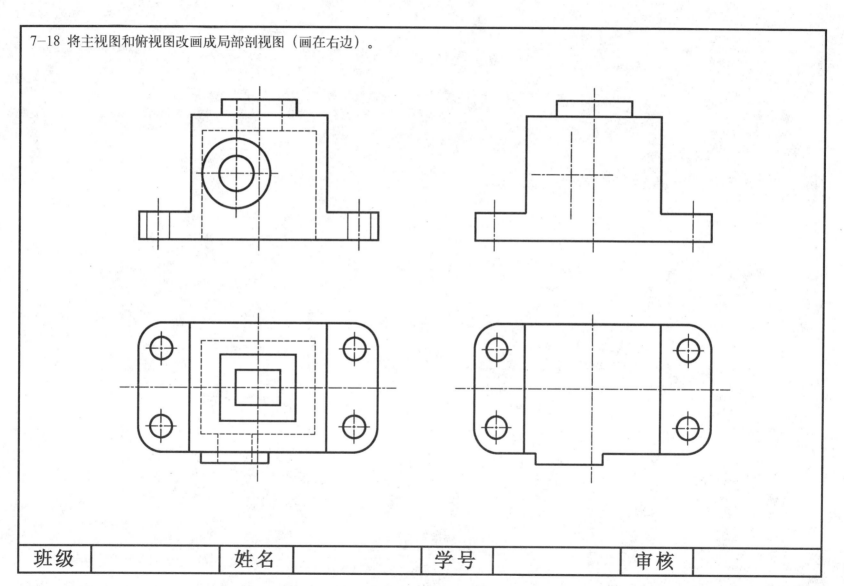

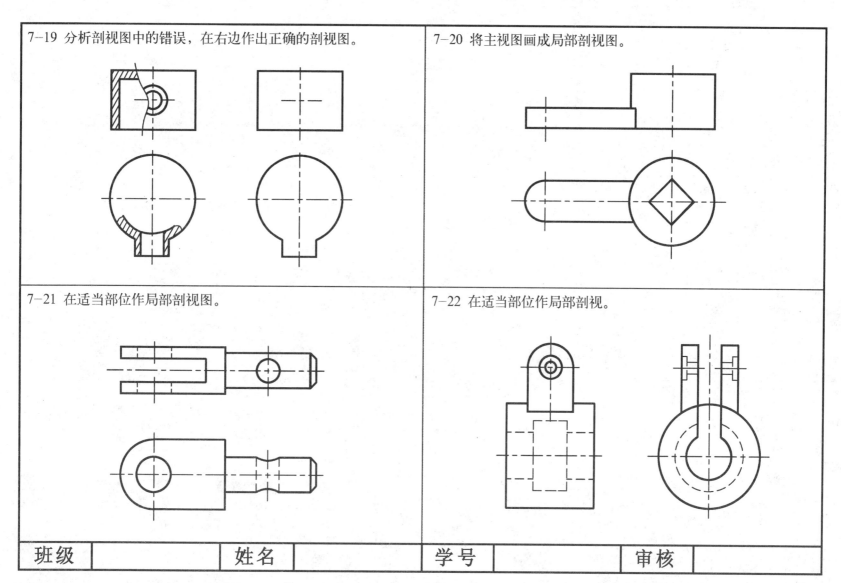

7-19 分析剖视图中的错误，在右边作出正确的剖视图。

7-20 将主视图画成局部剖视图。

7-21 在适当部位作局部剖视图。

7-22 在适当部位作局部剖视。

| 班级 | | 姓名 | | 学号 | | 审核 | |

7-23 用单一剖切面剖切（根据已知的视图，画B-B全剖视图）。

A-A

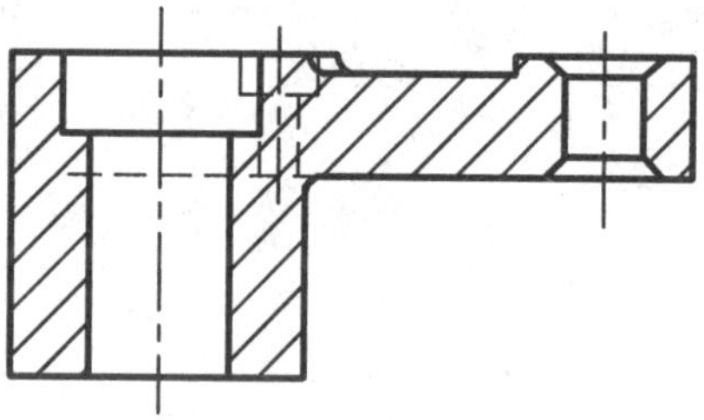

B-B

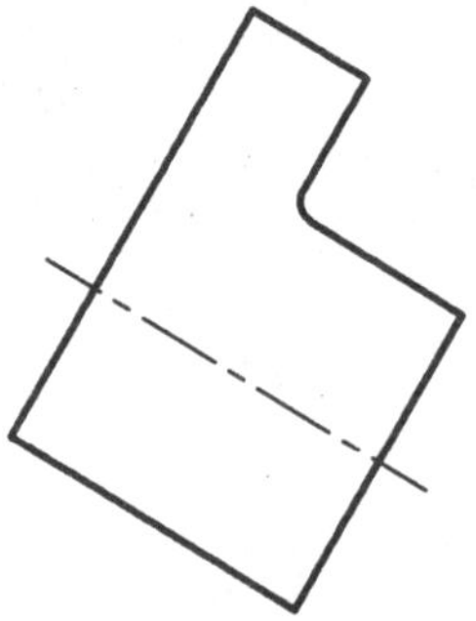

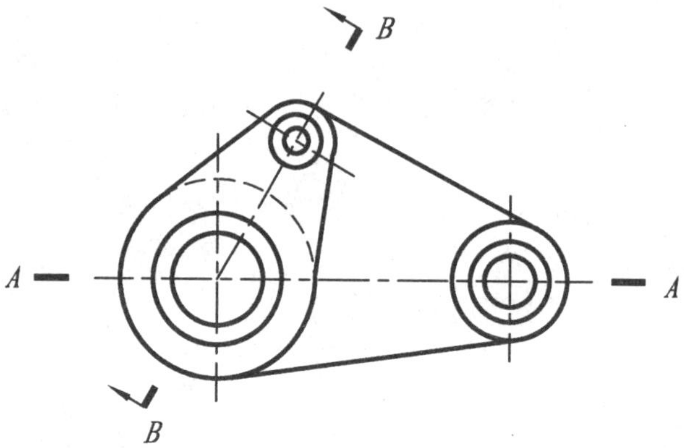

B

A —— A

B

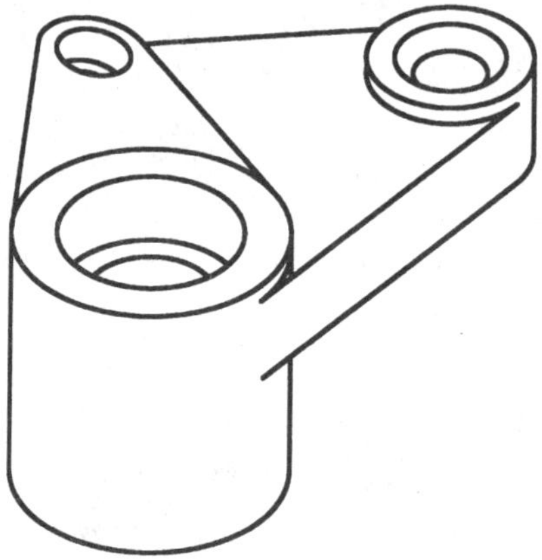

7-24 将主视图改画成旋转剖视图，并进行标注。

7-25 将主视图改画成旋转剖视图，并进行标注。

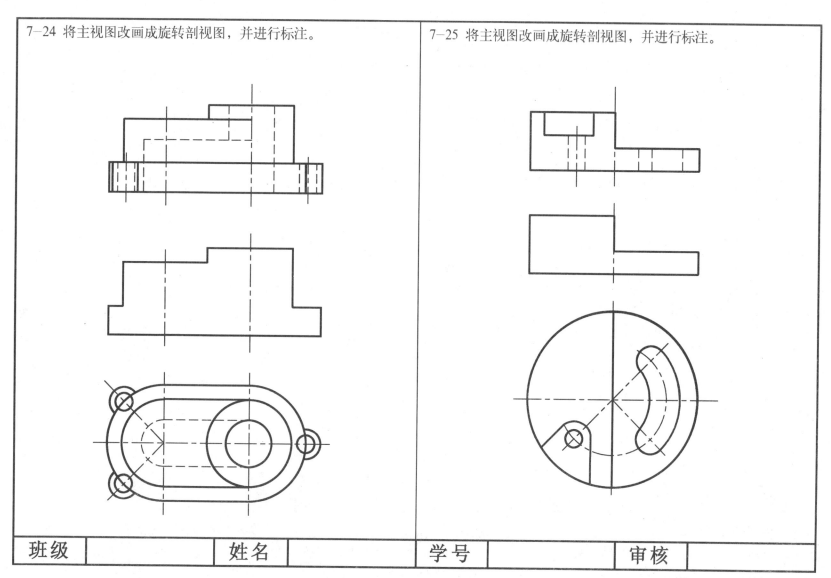

| 班级 | | 姓名 | | 学号 | | 审核 | |

7-26 将主视图改画成复合剖视图，并进行标注。

7-27 将主视图改画成复合剖视图，并进行标注。

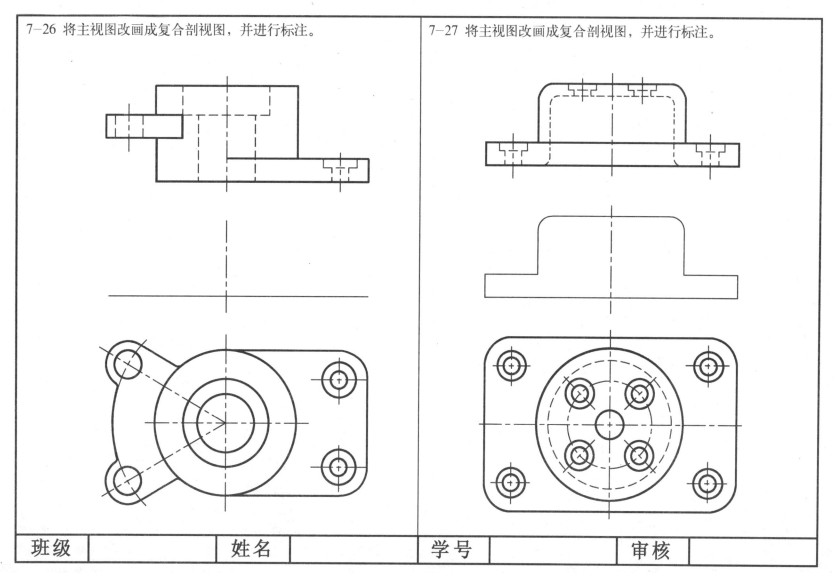

| 班级 | | 姓名 | | 学号 | | 审核 | |

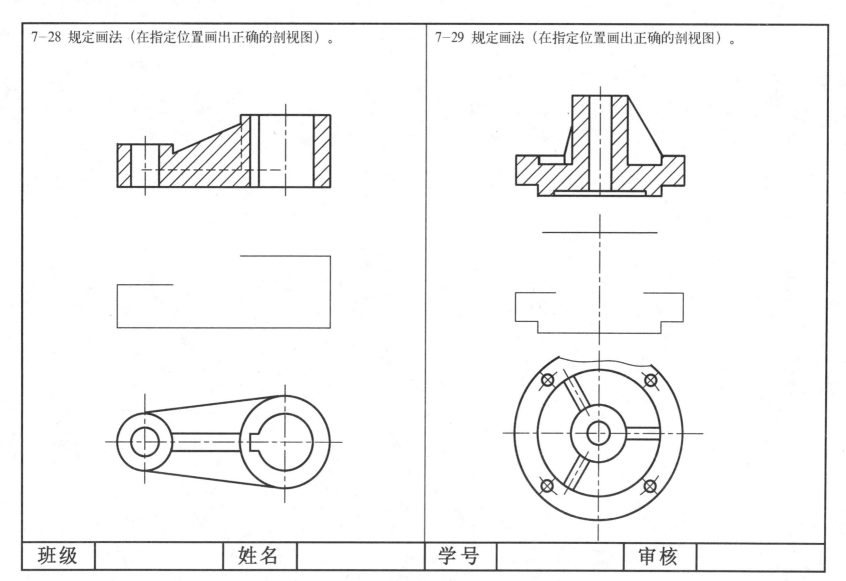

7-28 规定画法（在指定位置画出正确的剖视图）。

7-29 规定画法（在指定位置画出正确的剖视图）。

| 班级 | | 姓名 | | 学号 | | 审核 | |

7-30 断面图（在视图下方的断面图中选出正确的断面图形，并将其画上"✓"号）。

1.

2.

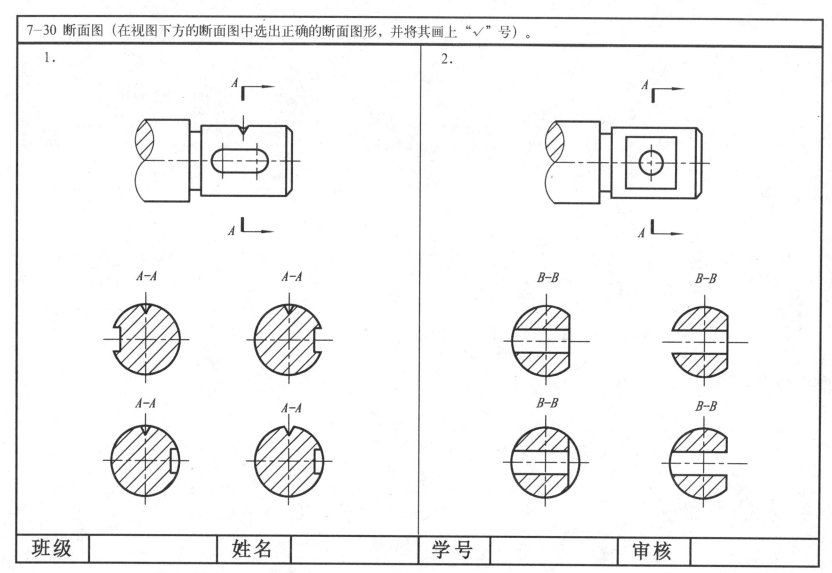

| 班级 | | 姓名 | | 学号 | | 审核 | |

7-31 分辨正确和错误的断面图，在正确的断面图处打"√"号。

| 班级 | | 姓名 | | 学号 | | 审核 | |

7-32 改正断面图中的错误，在指定位置画上正确的图。

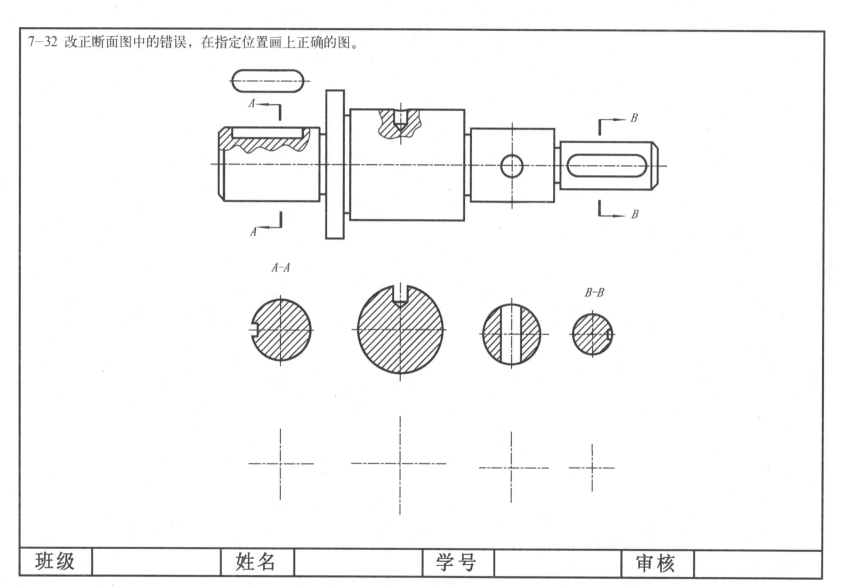

班级		姓名		学号		审核	

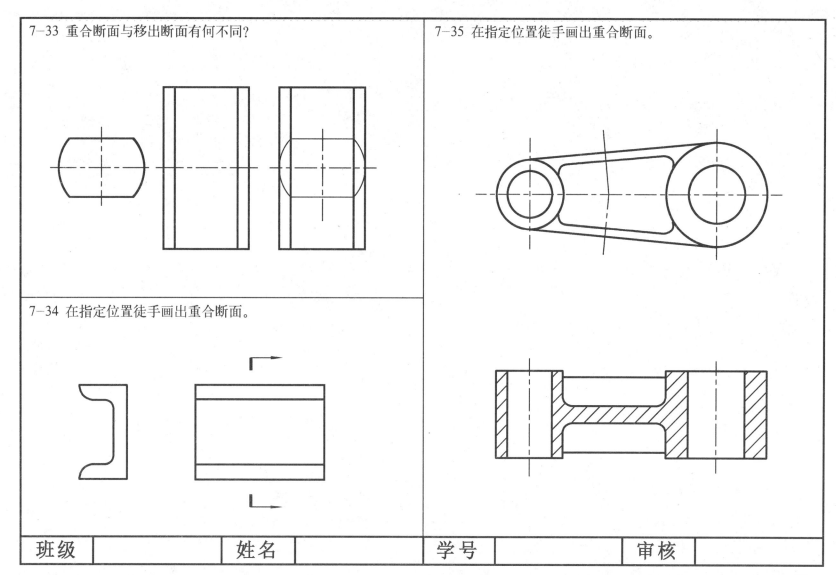

7-33 重合断面与移出断面有何不同?

7-34 在指定位置徒手画出重合断面。

7-35 在指定位置徒手画出重合断面。

| 班级 | | 姓名 | | 学号 | | 审核 | |

第8章 标准件和常用件

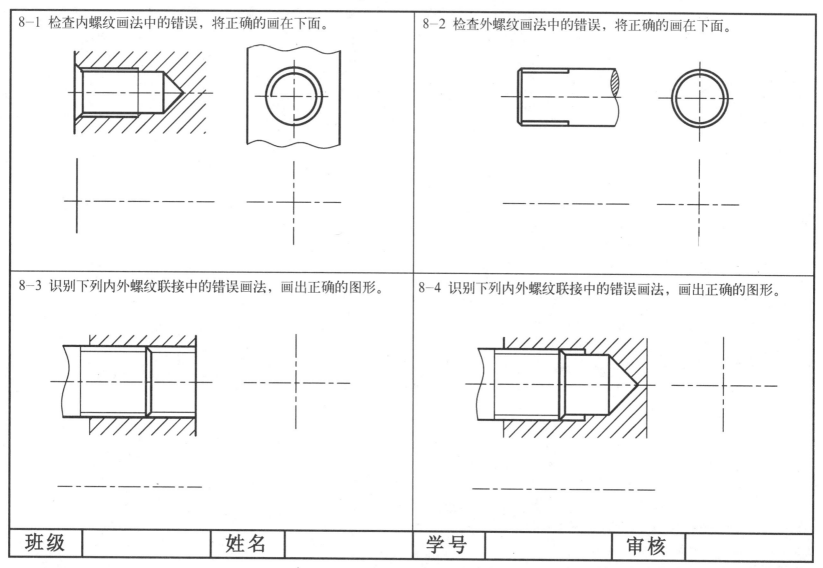

8-1 检查内螺纹画法中的错误，将正确的画在下面。

8-2 检查外螺纹画法中的错误，将正确的画在下面。

8-3 识别下列内外螺纹联接中的错误画法，画出正确的图形。

8-4 识别下列内外螺纹联接中的错误画法，画出正确的图形。

班级		姓名		学号		审核	

8-5 识别下列螺纹标记中各代号的意义，并填表。

螺纹标记	螺纹种类	螺纹大径	导程	螺距	线数	中径公差带代号	旋合长度代号	旋向
M20-7H-LH								
M20×1.5-7g6g-L								
Tr40×14(P7)-8e								
G3/8								

8-6 标注粗牙普通螺纹，$d=20$，中径公差代号为5g，顶径公差代号为6g，中等旋合长度，右旋

8-7 标注螺纹M20×1.5-7H-LH。

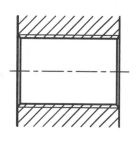

8-8 标注G1/2A。

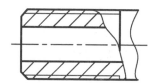

8-9 标注梯形螺纹，$d=24$，$Ph=10$，$P=5$，中径公差代号为8e，长旋合长度。

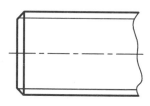

8-10 标注G3/8-LH。

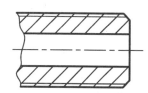

8-11 查标准确定G1/2非密封管螺纹的下列尺寸。

大 径	
小 径	
管子内通径	

班级		姓名		学号		审核	

8-12 粗牙普通螺纹大径d=20mm，右旋，中、顶径公差代号为7g，中等旋合长度。	8-13 细牙普通螺纹D=16mm，P=2mm，左旋，中、顶径公差带代号为6H，短旋合长度。	8-14 非螺纹密封的圆柱管螺纹，尺寸代号为1/2，左旋，公差等级为A级。
8-15 矩形螺纹（非标准）大径d=32mm，小径d₁=24mm，螺距P=8mm。	8-16 梯形螺纹D=36mm，P=6mm，s=12mm，n=2，右旋，中径公差代号为7E，中等旋合长度。	8-17 螺纹密封圆锥管螺纹尺寸代号为3/4，右旋。

班级		姓名		学号		审核	

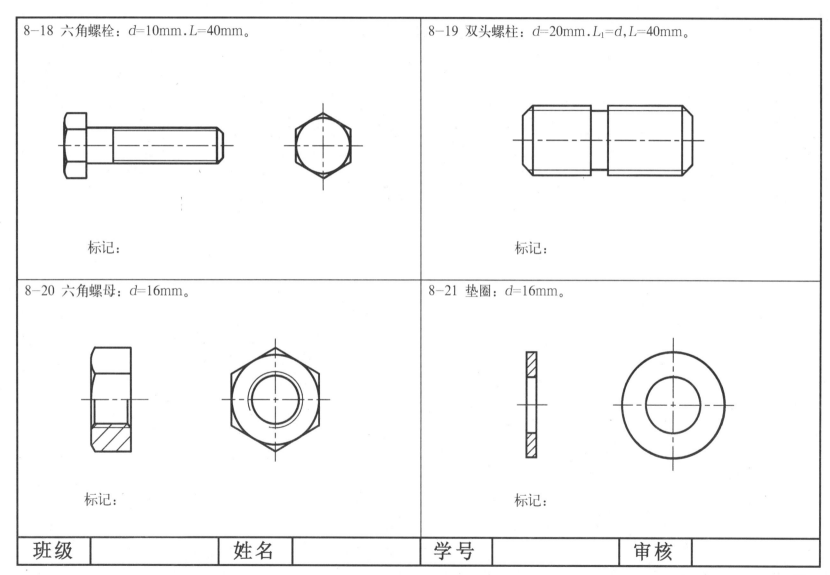

8-18 六角螺栓：d=10mm. L=40mm。

标记：

8-19 双头螺柱：d=20mm. L_1=d, L=40mm。

标记：

8-20 六角螺母：d=16mm。

标记：

8-21 垫圈：d=16mm。

标记：

班级		姓名		学号		审核	

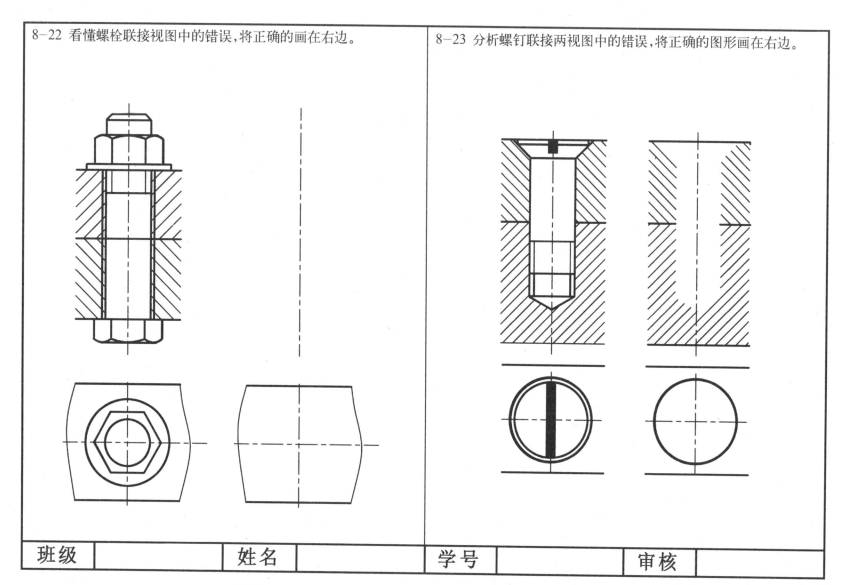

8-22 看懂螺栓联接视图中的错误，将正确的画在右边。

8-23 分析螺钉联接两视图中的错误，将正确的图形画在右边。

班级		姓名		学号		审核	

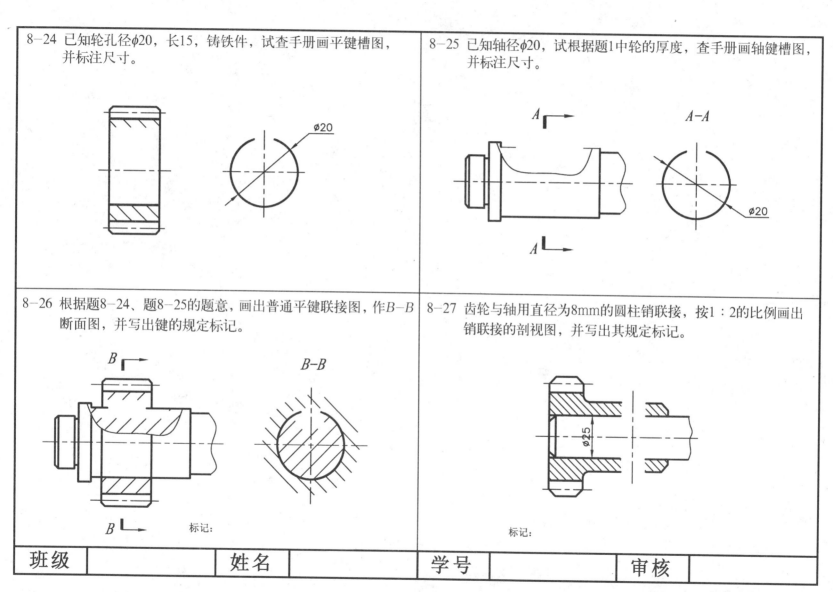

8-24 已知轮孔径φ20，长15，铸铁件，试查手册画平键槽图，并标注尺寸。

8-25 已知轴径φ20，试根据题1中轮的厚度，查手册画轴键槽图，并标注尺寸。

φ20

A

A—A

A

φ20

8-26 根据题8-24、题8-25的题意，画出普通平键联接图，作B—B断面图，并写出键的规定标记。

8-27 齿轮与轴用直径为8mm的圆柱销联接，按1：2的比例画出销联接的剖视图，并写出其规定标记。

B

B—B

B

标记：

φ25

标记：

| 班级 | | 姓名 | | 学号 | | 审核 | |

8-28 已知标准直齿圆柱齿轮m＝5mm，z＝42，轮齿端部倒角$c2$，试完成齿轮两视图（1∶2），并标注尺寸。

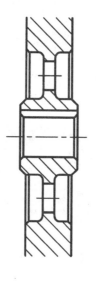
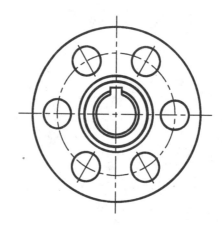

班级		姓名		学号		审核	

8–29 已知大齿轮$m=4$，$z=40$，两轮中心距$a=120mm$，试计算大、小齿轮的基本尺寸（填入表中），并用1∶2的比例完成啮合图。

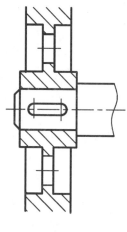
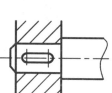
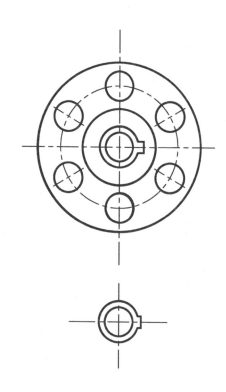

$Z_{小}$	
d_{a1}	
d_{f1}	
d_1	
d_{a2}	
d_{f1}	
d_2	

班级		姓名		学号		审核	

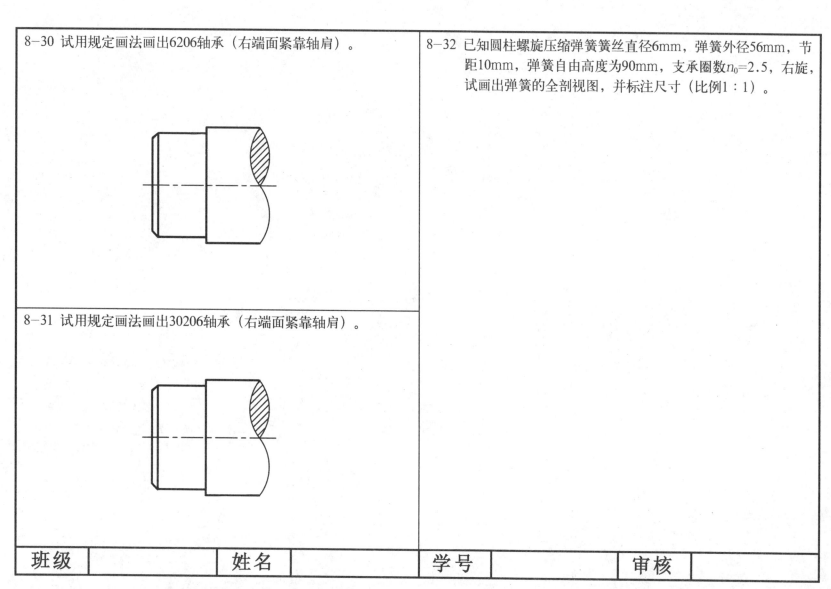

8-30 试用规定画法画出6206轴承（右端面紧靠轴肩）。

8-32 已知圆柱螺旋压缩弹簧簧丝直径6mm，弹簧外径56mm，节距10mm，弹簧自由高度为90mm，支承圈数$n_0=2.5$，右旋，试画出弹簧的全剖视图，并标注尺寸（比例1:1）。

8-31 试用规定画法画出30206轴承（右端面紧靠轴肩）。

班级		姓名		学号		审核	

第9章 零件图

9-1 分析图中的尺寸标注，回答下列问题。

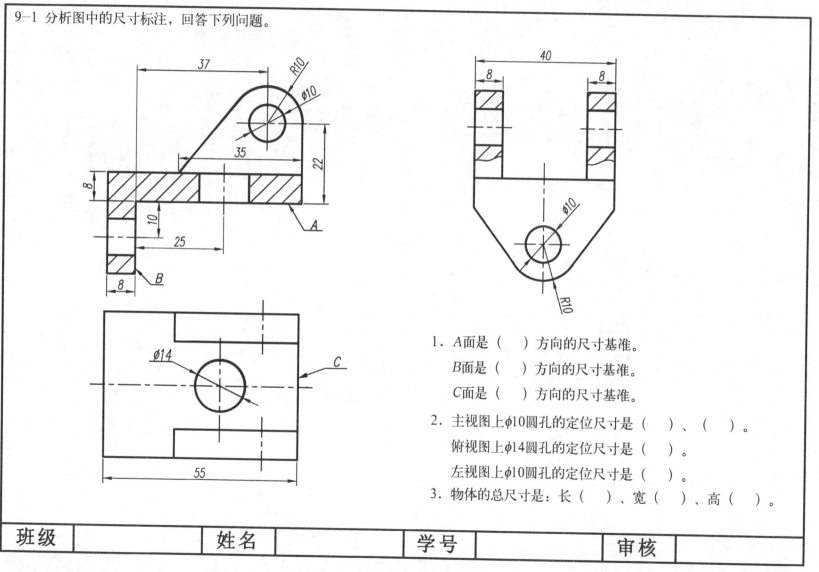

1. A面是（　　）方向的尺寸基准。

   B面是（　　）方向的尺寸基准。

   C面是（　　）方向的尺寸基准。

2. 主视图上ϕ10圆孔的定位尺寸是（　　）、（　　）。

   俯视图上ϕ14圆孔的定位尺寸是（　　）。

   左视图上ϕ10圆孔的定位尺寸是（　　）。

3. 物体的总尺寸是：长（　　）、宽（　　）、高（　　）。

班级		姓名		学号		审核	

9-2 标注输出轴的尺寸（由图中量取尺寸数值,取整数），并指出尺寸基准。

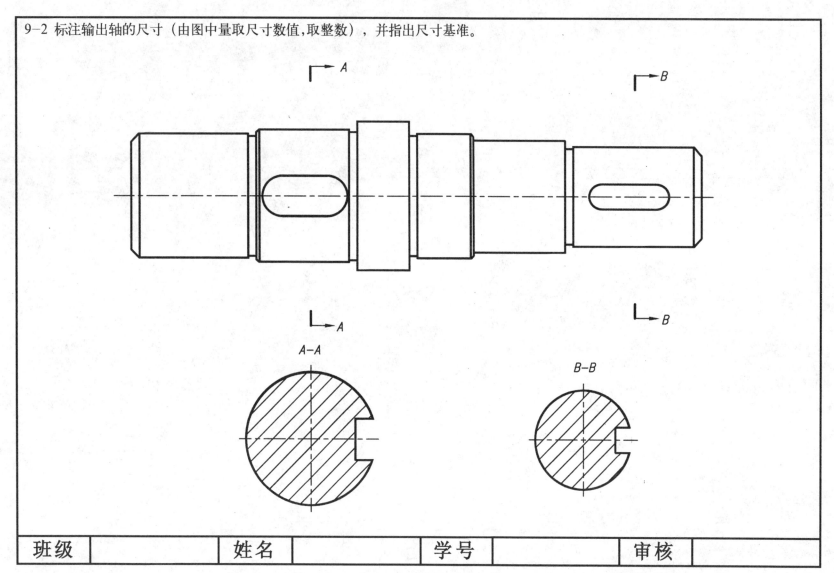

| 班级 | | 姓名 | | 学号 | | 审核 | |

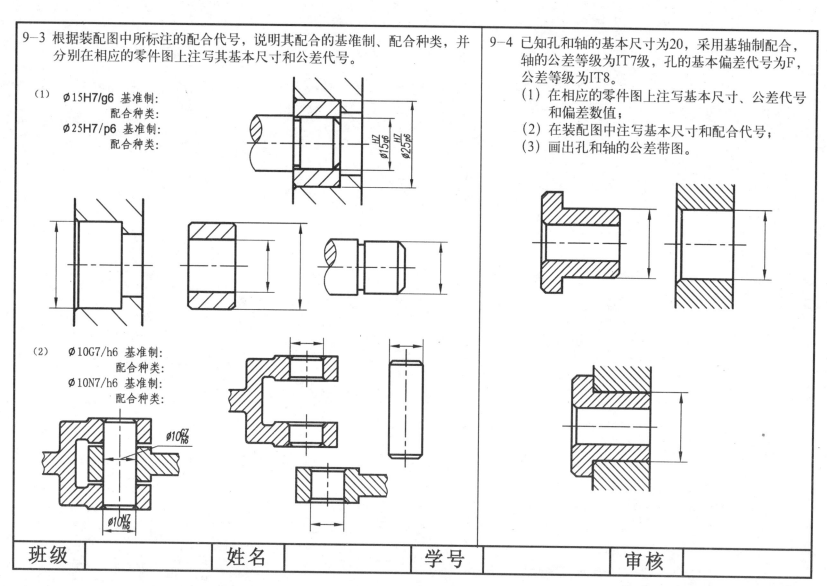

9-3 根据装配图中所标注的配合代号，说明其配合的基准制、配合种类，并分别在相应的零件图上注写其基本尺寸和公差代号。

(1) $\phi 15H7/g6$ 基准制：
　　　　　　　　配合种类：
　　$\phi 25H7/p6$ 基准制：
　　　　　　　　配合种类：

(2) $\phi 10G7/h6$ 基准制：
　　　　　　　　配合种类：
　　$\phi 10N7/h6$ 基准制：
　　　　　　　　配合种类：

9-4 已知孔和轴的基本尺寸为20，采用基轴制配合，轴的公差等级为IT7级，孔的基本偏差代号为F，公差等级为IT8。
(1) 在相应的零件图上注写基本尺寸、公差代号和偏差数值；
(2) 在装配图中注写基本尺寸和配合代号；
(3) 画出孔和轴的公差带图。

班级		姓名		学号		审核	

9−5 根据装配图中的配合代号，在零件图上分别标出孔和轴的尺寸公差代号，查出偏差数值并填空。

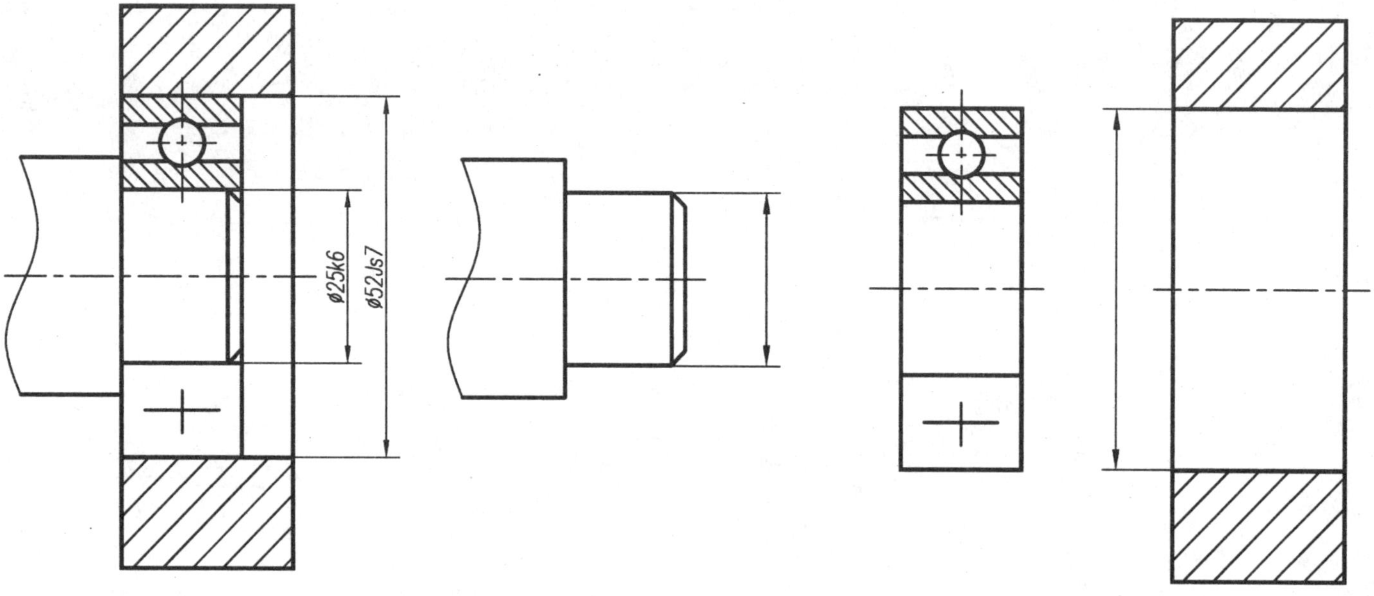

轴承内孔与轴的配合制是________制，轴的基本偏差代号为________，是________配合；

轴承外圈与孔的配合制是________制，孔的基本偏差代号为________，公差等级是________。

班级		姓名		学号		审核	

9-6 （1）标注零件尺寸（从图中量取尺寸数值，取整数）；
　　 （2）按表中给出的Ra数值标注表面粗糙度。

表面	A	B	C	D	其余
Ra	0.8	1.6	3.2	6.3	12.5

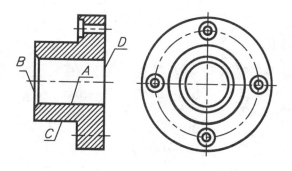

9-7 （1）标注零件尺寸（从图中量取尺寸数值，取整数）；
　　 （2）按表中给出的Ra数值标注表面粗糙度。

表面	A	B	C	D	其余
Ra	3.2	6.3	6.3	12.5	25

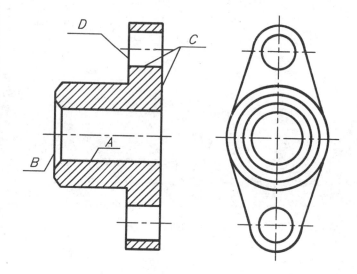

班级		姓名		学号		审核	

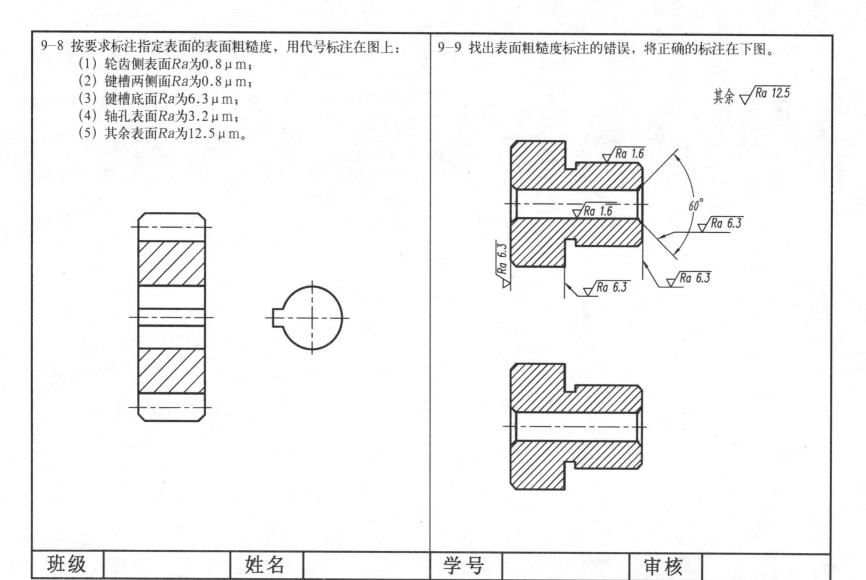

9–8 按要求标注指定表面的表面粗糙度，用代号标注在图上：

  （1）轮齿侧表面Ra为0.8μm；

  （2）键槽两侧面Ra为0.8μm；

  （3）键槽底面Ra为6.3μm；

  （4）轴孔表面Ra为3.2μm；

  （5）其余表面Ra为12.5μm。

9–9 找出表面粗糙度标注的错误，将正确的标注在下图。

其余 $\sqrt{Ra\ 12.5}$

$Ra\ 1.6$

$Ra\ 1.6$

60°

$Ra\ 6.3$

$Ra\ 6.3$

$Ra\ 6.3$

$Ra\ 6.3$

班级		姓名		学号		审核	

9-10 用文字说明图中所标注的形位公差的含义。

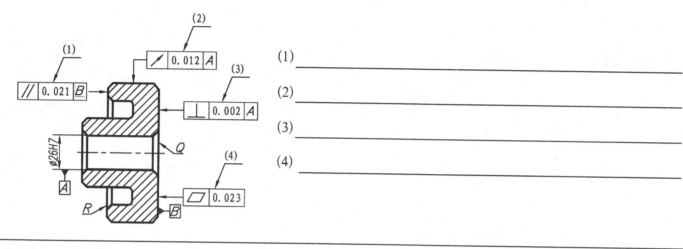

(1) _____

(2) _____

(3) _____

(4) _____

9-11 将文字说明的形位公差用公差框格的形式标注在图中。

　(1) 孔ϕ轴线直线度公差为ϕ0.012mm；

　(2) 孔ϕ圆度公差为0.005mm；

　(3) 底ϕ平面度公差为0.01mm；

　(4) 孔ϕ轴线对底面平行度公差为0.03mm。

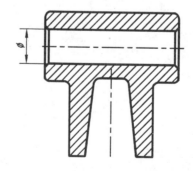

班级		姓名		学号		审核	

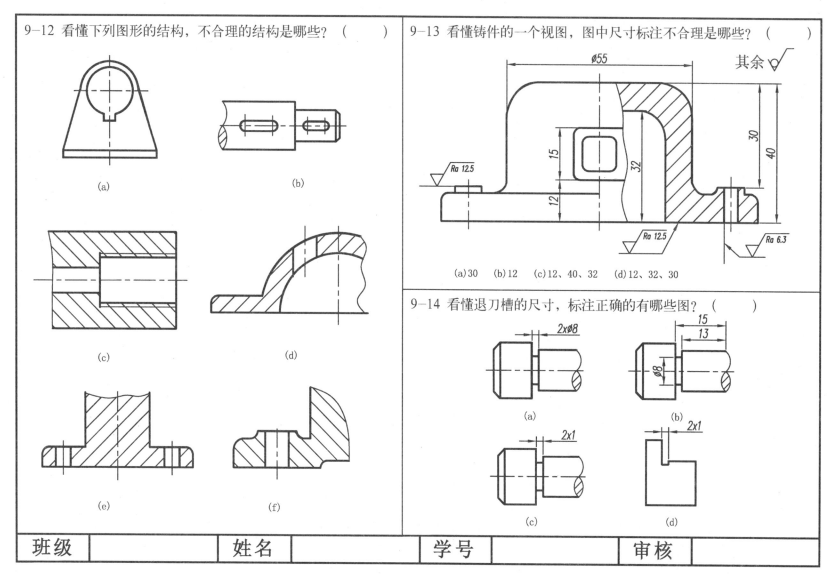

9-12 看懂下列图形的结构，不合理的结构是哪些？（　　　）

(a)

(b)

(c)

(d)

(e)

(f)

9-13 看懂铸件的一个视图，图中尺寸标注不合理是哪些？（　　　）

其余 ▽

∅55

30
40
15
32
12

Ra 12.5

Ra 12.5

Ra 6.3

(a)30　　(b)12　　(c)12、40、32　　(d)12、32、30

9-14 看懂退刀槽的尺寸，标注正确的有哪些图？（　　　）

2x∅8

(a)

15
13
∅8

(b)

2x1

(c)

2x1

(d)

9–15 补画视图中所缺漏的过渡线。

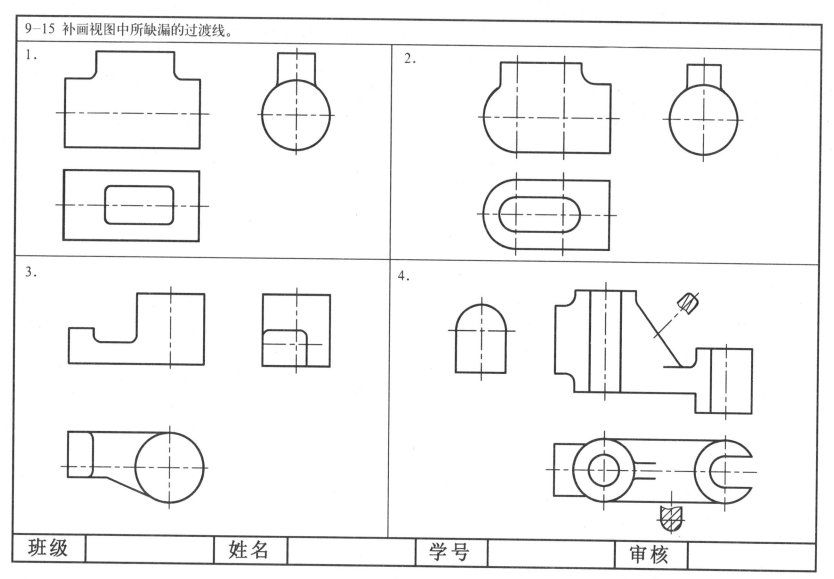

| 班级 | | 姓名 | | 学号 | | 审核 | |

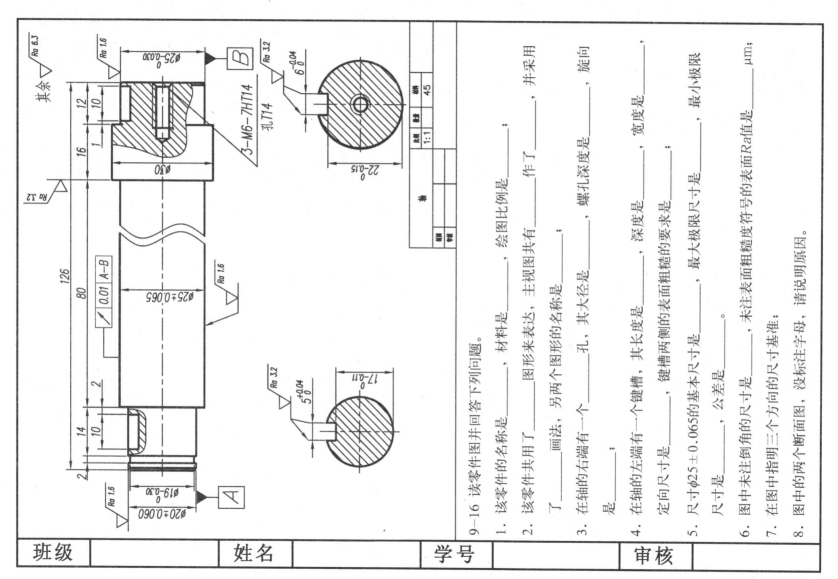

9-16 读零件图并回答下列问题。

1. 该零件的名称是 _____ ，材料是 _____ ，绘图比例是 _____ ；

2. 该零件共用了 _____ 图形来表达，主视图共有 _____ 作了 _____ ，并采用 _____ 了 _____ 画法，另两个图形的名称是 _____ ；

3. 在轴的右端有 _____ 孔，其大径是 _____ ，螺孔深度是 _____ ，旋向 是 _____ ；

4. 在轴的左端有一个键槽，其长度是 _____ ，深度是 _____ ，宽度是 _____ 定向尺寸是 _____ ，键槽两侧的表面粗糙的要求是 _____ ；

5. 尺寸φ25±0.065的基本尺寸是 _____ ，最大极限尺寸是 _____ ，最小极限 尺寸是 _____ ，公差是 _____ 。

6. 图中未注倒角的尺寸是 _____ ，未注表面粗糙度符号的表面Ra值是 _____ μm；

7. 在图中指明三个方向的尺寸基准。

8. 图中的两个断面图，没标注字母，请说明原因。

| 班级 | | 姓名 | | 学号 | | 审核 | |

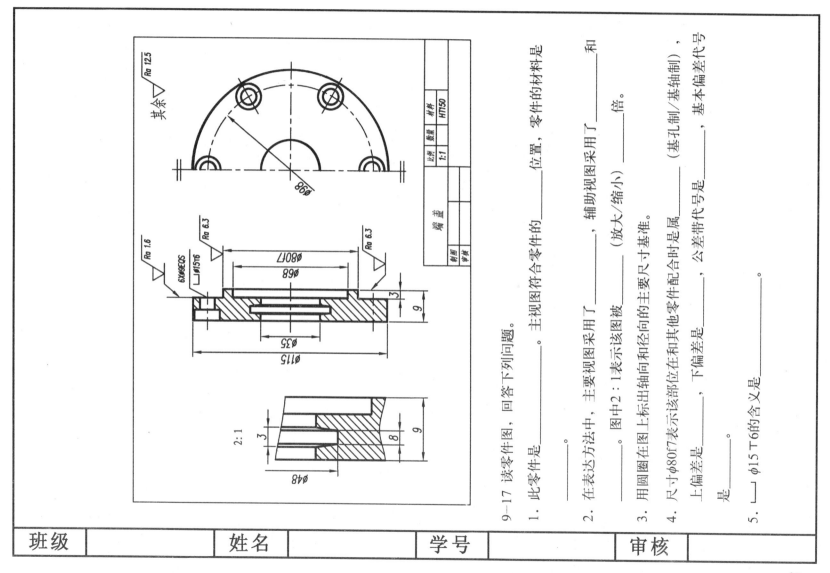

9-17 读零件图,回答下列问题。

1. 此零件是 _____ 。主视图符合零件的 _____ 位置,零件的材料是 _____
_____ 。

2. 在表达方法中,主要视图采用了 _____ ,辅助视图采用了 _____ 和
_____ 。图中 2∶1 表示该图被 _____ (放大/缩小) _____ 倍。

3. 用圆圈在图上标出轴向和径向的主要尺寸基准。

4. 尺寸 φ80J7 表示该部位在和其他零件配合时是属 _____ (基孔制/基轴制),
公差带代号是 _____ ,基本偏差代号
是 _____ ,下偏差是 _____ ,公差带代号是 _____ ,基本偏差代号
是 _____ 。

5. ⊔φ15▽6 的含义是 _____ 。

端盖

比例	数量	材料
1∶1		HT150

| 制图 | | |
| 审核 | | |

| 班级 | | 姓名 | | 学号 | | 审核 | |

9-18 读主动齿轮轴零件图，补绘轮齿部分的局部剖视图及尺寸，齿廓表面粗糙度为$^{Ra12.5}\!\sqrt{}$，并在指定位置补绘图中所缺的移出断面图。

模数	m	2
齿数	z	18
压力角	α	20°
精度等级		8-7-7-Dc
齿厚		3.142
配对齿轮	图号	6503
	齿数	25

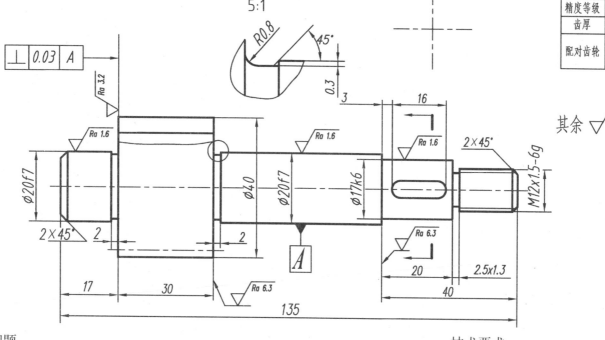

回答下列问题：

1. 零件图采用了哪些表达方法，它们的作用是什么？

2. 键槽的定位尺寸是_____，通过查表指出其定位尺寸是

   _____；

3. 说明M12×1.56g的含义；

4. 指出该零件长、宽、高三个方向的主要尺寸基准。

技术要求
1. 调质处理220～250HB；
2. 锐边倒钝。

主动齿轮轴	比例	1:1	12-02
	件数	1	
制图		材料	45
描图			（厂 名）
审核			

9-19 读零件图，回答问题。

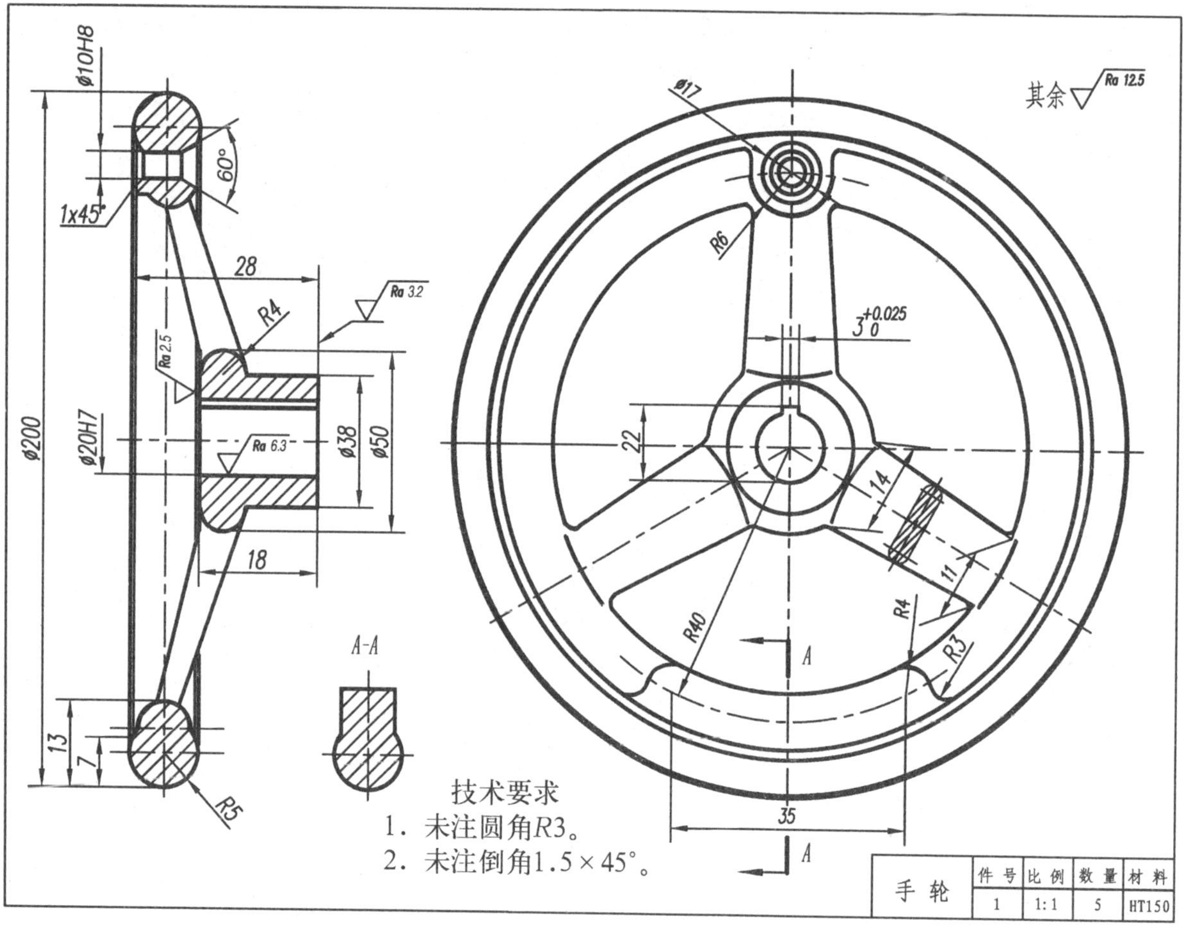

其余 $\sqrt{Ra\ 12.5}$

A-A

技术要求
1. 未注圆角R3。
2. 未注倒角1.5×45°。

	件号	比例	数量	材料
手 轮	1	1:1	5	HT150

班级		姓名		学号		审核	

1. 零件共采用_____个图形表达，主视图采用_____画法，左视图主要表达轮辐的分布情况，

　　并采用_____断面表达其断面形状。

2. $A-A$是_____断面，用以表达轮缘的_____状。

3. 按定形尺寸和定位尺寸分，$R8$是_____尺寸，70是_____尺寸。

4. 左视图中有_____处画了过渡线。

5. 手轮属于_____类零件。

6. 手轮轴孔直径为$\phi H7$，$\phi 10H8$的作用是_____。

7. 在图中标出轴向尺寸基准和径向尺寸基准。

班级		姓名		学号		审核	

第10章 装 配 图

10-1 滑块与导轨的基本尺寸是24，采用基孔制间隙配合，标准公差等级均为IT8，滑块的基本偏差代号为e。在装配图（1）中标注滑块与导轨的配合尺寸，并分别在零件图（2）、（3）上标注基本尺寸、公差带代号及极限偏差数值。

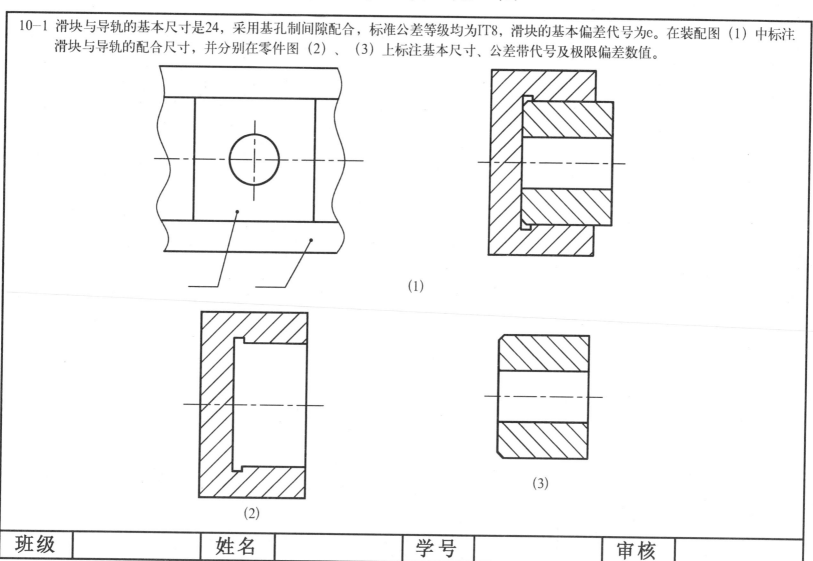

(1)

(2)

(3)

班级		姓名		学号		审核	

10−2 根据装配图（1）中的配合尺寸，并分别在零件图（2）、（3）、（4）上标注其基本尺寸、公差带代号及极限偏差数值。

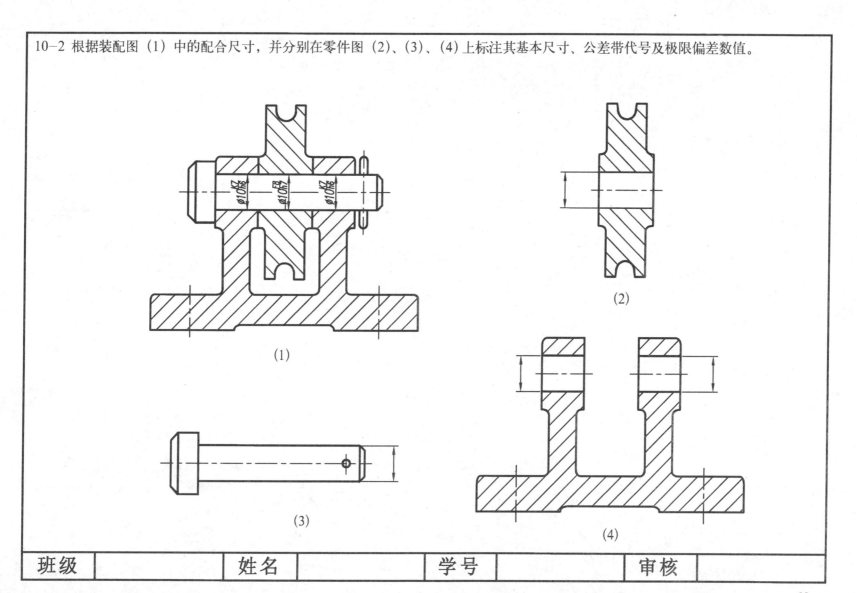

（1）

（2）

（3）

（4）

班级		姓名		学号		审核	

10-3 根据手动气阀装配示意图和零件图，拼画装配图。

1. 工作原理

　　手动气阀是汽车上用的一种压缩空气开关机构。

　　当通过手柄球（序号1）和芯杆（序号2）将气阀杆（序号6）拉到最上位置时——如图所示，储气筒与工作气缸接通。当气阀杆推到最下位置时，工作气缸与储气筒的通道被关闭，此时工作气缸通过气阀杆中心的孔道与大气接通，气阀杆与阀体（序号4）孔是间隙配合，装有"0"型密封圈（序号5）以防止压缩空气泄漏，螺母（序号3）是固定手动气阀位置用的。

2. 作业要求

　　（1）读懂手动气阀装配示意图和全部零件图。

　　（2）拼画装配图（A3图幅，比例1：1）。

零件目录

6	气阀杆	1	45	06
5	密封圈	4	橡胶	05
4	阀体	1	Q235A	04
3	螺母	1	Q235A	03
2	芯杆	1	Q235A	02
1	手柄球	1	酚醛塑料	01
序号	零件名称	数量	材料	附注及标准

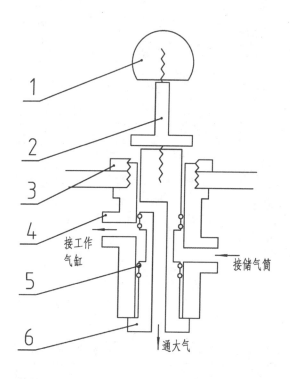

手动气阀装配示意图

班级		姓名		学号		审核	

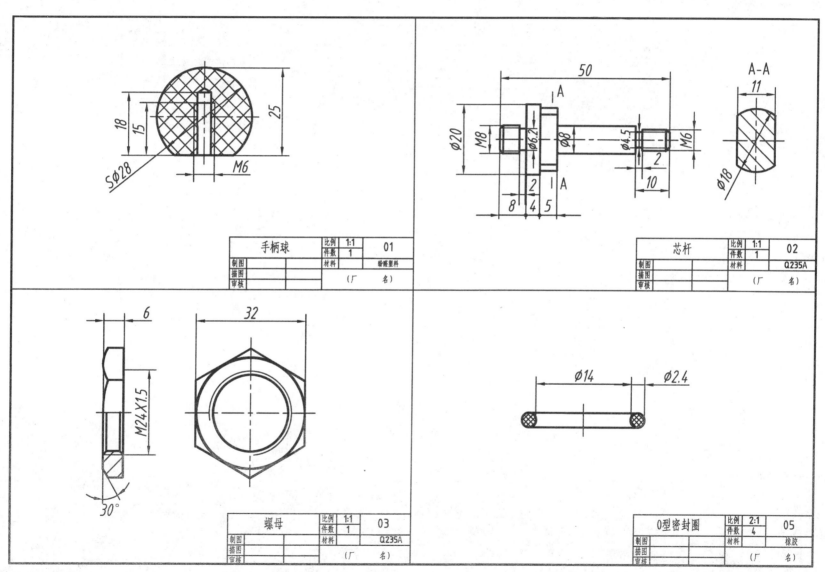

手柄球	比例	1:1	01
	件数	1	
制图		材料	酚醛塑料
描图			
审核		(厂 名)	

芯杆	比例	1:1	02
	件数	1	
制图		材料	Q235A
描图			
审核		(厂 名)	

螺母	比例	1:1	03
	件数	1	
制图		材料	Q235A
描图			
审核		(厂 名)	

O型密封圈	比例	2:1	05
	件数	4	
制图		材料	橡胶
描图			
审核		(厂 名)	

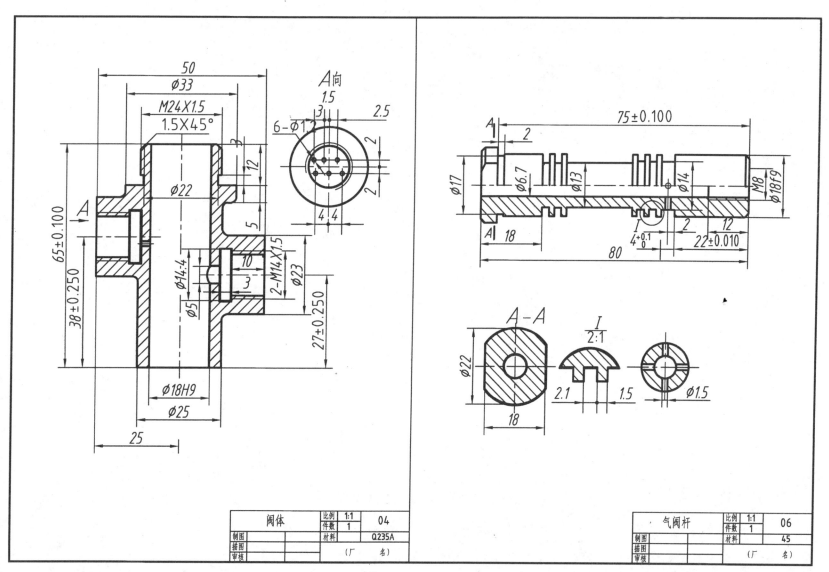

阀体	比例	1:1	04
	件数	1	
制图		材料	Q235A
描图			
审核		(厂 名)	

气阀杆	比例	1:1	06
	件数	1	
制图		材料	45
描图			
审核		(厂 名)	

10-4 读平口钳装配图，并拆画零件图。

1．工作原理

　　平口钳用于装夹被加工的零件。使用时将固定钳体8安装在工作台上，旋转丝杆10推动套螺母5及活动钳体4做直线往复运动，从而使钳口板开合，以松开或夹紧工件，紧固螺钉6用于加工时锁紧套螺母5，以防止零件松动。

2．读懂平口钳装配图，完成下列读图要求

1） 回答问题

（1）平口钳由＿＿＿＿种零件组成。其中序号是＿＿＿＿的零件是标准件。主视图采用＿＿＿＿剖，左视图采用＿＿＿＿剖，俯视图采用＿＿＿＿剖。

（2）活动钳体4靠＿＿＿＿与套螺母5连接在一起，转动带动＿＿＿＿移动，从而带动活动钳体做往复直线运动。

（3）紧固螺钉6上面的两个小孔起什么作用？

（4）丝杆10和挡圈1用＿＿＿＿连接。钳口板7与固定钳体8用＿＿＿＿连接。

（5）垫圈3和9的作用是什么？

（6）下列尺寸各属于装配图中的何种尺寸？

　　0～90属于＿＿＿＿尺寸，$\phi28H8/f8$属于＿＿＿＿尺寸。

　　160属于＿＿＿＿尺寸，270属于＿＿＿＿尺寸。

（7）25H8/f8是＿＿＿＿和＿＿＿＿的配合尺寸，轴孔配合属于＿＿＿＿制，＿＿＿＿配合。25是＿＿＿＿尺寸，H8是＿＿＿＿代号，f是＿＿＿＿代号。

2） 根据平口钳装配图拆画零件图

（1）用1：1的比例在A3方格纸上拆画固定钳体8的零件图。

　　各表面的表面结构参数Ra值（μm）可按以下要求标注：

　　两端轴孔表面（25，14）可选1.6；

　　上表面及方槽中的接触表面可选3.2；

　　安装钳口板处两表面可选6.3；

　　其余切削加工面可选25；

　　铸造表面为 $\sqrt{Ra25}$ 。

（2）用1：1的比例在A3方格纸上拆画活动钳体4的零件图（只画图，不标注尺寸及表面结构要求等）。

班级		姓名		学号		审核	

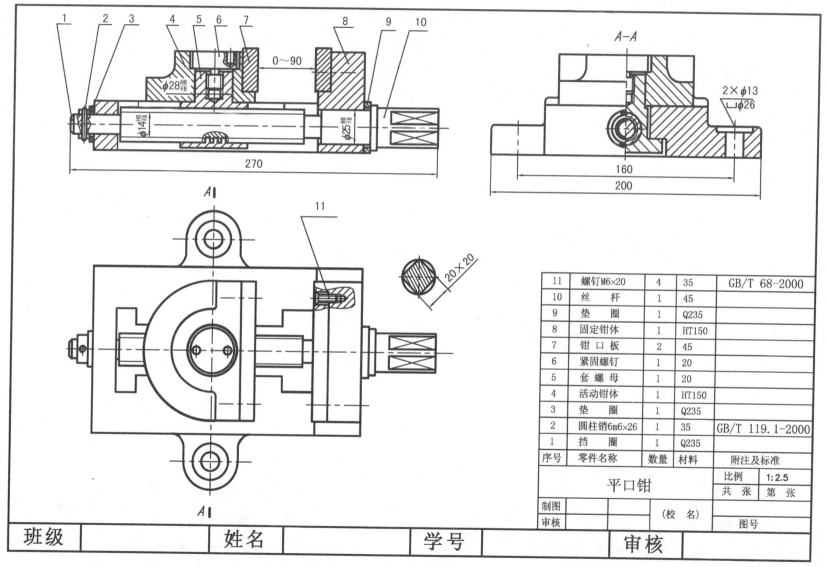

11	螺钉M6×20	4	35	GB/T 68-2000
10	丝　杆	1	45	
9	垫　圈	1	Q235	
8	固定钳体	1	HT150	
7	钳口板	2	45	
6	紧固螺钉	1	20	
5	套螺母	1	20	
4	活动钳体	1	HT150	
3	垫　圈	1	Q235	
2	圆柱销6m6×26	1	35	GB/T 119.1-2000
1	挡　圈	1	Q235	
序号	零件名称	数量	材料	附注及标准

平口钳

					比例	1:2.5
					共　张	第　张
制图			（校　名）			
审核					图号	

| 班级 | | 姓名 | | 学号 | | 审核 | |

10-5 根据装配示意图，完成减速器的装配图。

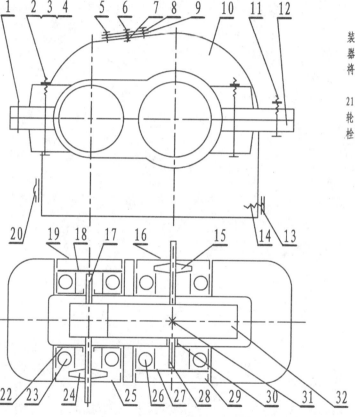

减速器工作原理

　　减速器是改变原动机（如电动机）的转速，以适应工作机械（如皮带运输机、起重机等）要求的中间传动装置. 减速器的种类很多，常用的有圆柱齿轮减速器和蜗轮减速器，一级减速器是最简单的一种减速器。减速器工作时，回转运动是通过件17（齿轮轴）传入，再经过件17上的小齿轮传递给件31（大齿轮），经30（键）将减速后的回转运动传给件27（轴），件27将回转运动传给工作机械。

　　主动轴与被动轴两端均由滚动轴承支承；工作时采用飞溅润滑，改善了工作情况。件9（垫片）、件21（挡油环）、件15、23（填料）是为了防止润滑油渗漏和灰尘进入轴承。件29（支承环）是防止件31（大齿轮）轴向窜动；件18、26（调整环）是调整两轴的轴向间隙。减速器机体、机盖用件1（销）定位，并用6螺栓紧固。机盖顶部有观察孔，机体有放油孔。件20为观察润滑油油面高度的油标，件13和件14为排放污油用。

序号	名 称	数量	材料	附 注	序号	名 称	数量	材料	附 注
31	齿 轮	1	45		16	嵌入端盖	1	Q235	
30	键10×22	1	45	GB1096-79	15	填 料	1	毛毡	
29	支承环	1	Q235		14	油 塞	1	Q235	
28	嵌入端盖	1	尼龙		13	垫 圈	1	石棉	
27	轴	1	45		12	机 体	1	ZL102	
26	调整环	1	Q235		11	螺栓M8×25	2	Q235	GB5780-86
25	滚动轴承6206	2		GB276-94	10	机 盖	1	ZL102	
24	嵌入端盖	1	Q235		9	垫 片	1	石棉	
23	填 料	1	毛毡		8	视孔盖	1	Q235	
22	滚动轴承6204	2		GB276-94	7	螺母M10	1	Q235	GB6170-86
21	挡油环	2	10		6	透气塞	1	Q235	
20	圆形塑料油标	1			5	螺钉M13×10	4	Q235	GB67-85
19	嵌入端盖	1	尼龙		4	螺母M8	6	Q235	GB6170-86
18	调整环	1	Q235		3	颠圈8	6	65Mn	GB93-87
17	齿轮轴	1	45		2	螺栓M8×65	4	Q235	GB5780-86
					1	销A 4×18	2	Q235	GB117-85
序号	名 称	数量	材料	附 注	序号	名 称	数量	材料	附 注

班级		姓名		学号		审核	

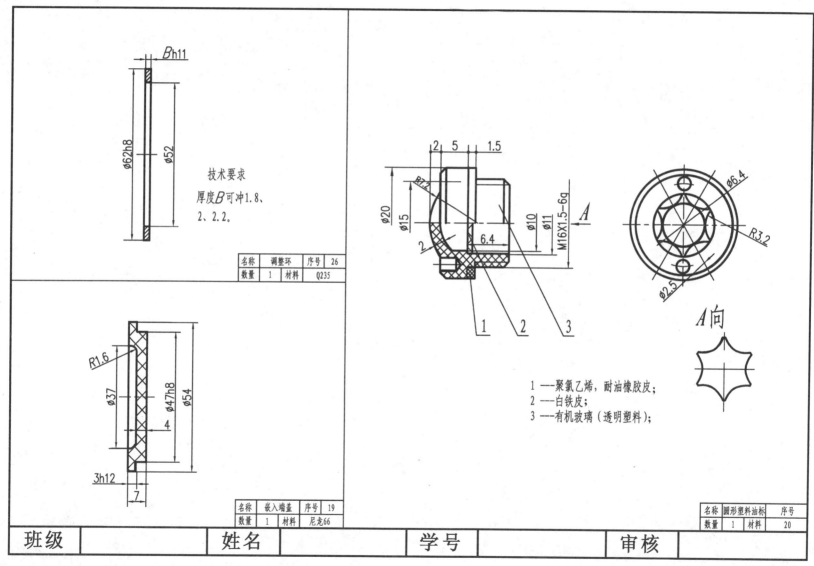

*B*h11

φ62h8
φ52

技术要求
厚度*B*可冲1.8、
2、2.2。

名称	调整环	序号	26
数量	1	材料	Q235

R1.6

φ37
φ47h8
φ54
4
3h12
7

名称	嵌入端盖	序号	19
数量	1	材料	尼龙66

2 5 1.5

R3.2

φ20
φ15
φ10
φ11
M16X1.5—6g
2
6.4

A

φ6.4
R3.2
φ2.5

1 2 3

*A*向

1 ——聚氯乙烯，耐油橡胶皮；
2 ——白铁皮；
3 ——有机玻璃（透明塑料）；

名称	圆形塑料油标	序号	
数量	1	材料	20

班级		姓名		学号		审核	

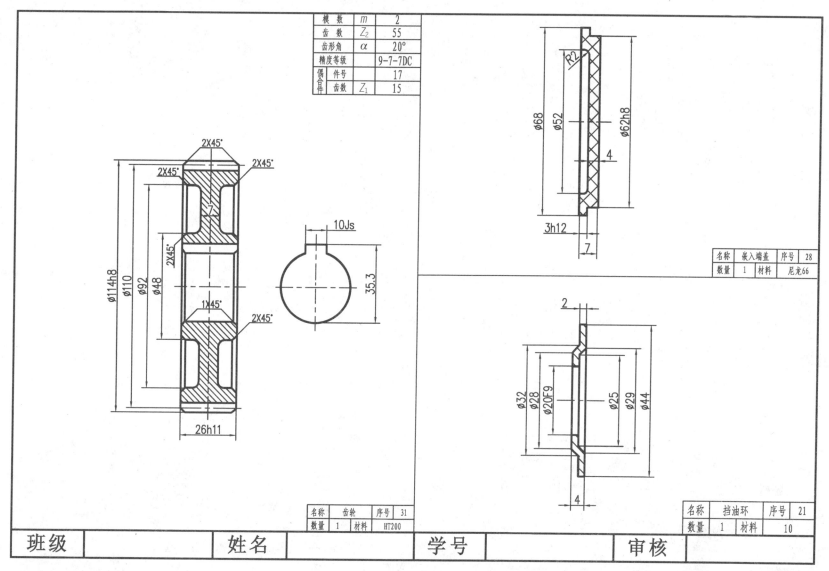

模 数	m	2
齿 数	Z_2	55
齿形角	α	20°
精度等级		9-7-7DC
偶合件 件号		17
	齿数 Z_1	15

2X45°

2X45°

2X45°

7

2X45°

1X45°

2X45°

Ø114h8
Ø110
Ø92
Ø48

26h11

10Js

35.3

R2

Ø68
Ø52
Ø62h8

4

3h12

7

名称	嵌入端盖	序号	28
数量	1	材料	尼龙66

2

Ø32
Ø28
Ø20F9
Ø25
Ø29
Ø44

4

名称	齿轮	序号	31
数量	1	材料	HT200

名称	挡油环	序号	21
数量	1	材料	10

班级		姓名		学号		审核	

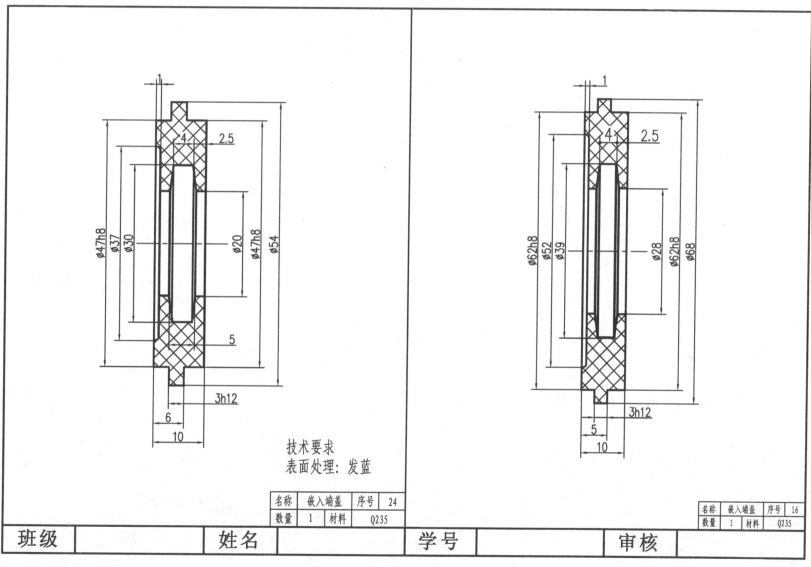

技术要求
表面处理: 发蓝

名称	嵌入端盖	序号	24
数量	1	材料	Q235

名称	嵌入端盖	序号	16
数量	1	材料	Q235

班级		姓名		学号		审核	

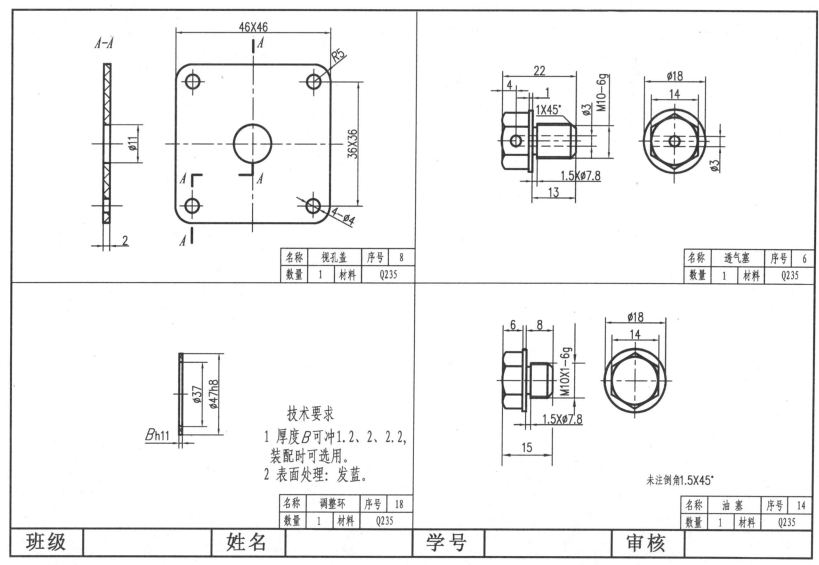

A-A

46X46

R5

Ø11

36X36

2

4-Ø4

A A

A A

名称	视孔盖	序号	8
数量	1	材料	Q235

22

4

1

1X45°

Ø3

M10-6g

Ø18

14

1.5XØ7.8

13

Ø3

名称	透气塞	序号	6
数量	1	材料	Q235

Ø37

Ø47h8

Bh11

技术要求
1 厚度B可冲1.2、2、2.2,
 装配时可选用。
2 表面处理: 发蓝。

6

8

M10X1-6g

Ø18

14

1.5XØ7.8

15

未注倒角1.5X45°

名称	调整环	序号	18
数量	1	材料	Q235

名称	油塞	序号	14
数量	1	材料	Q235

班级		姓名		学号		审核	

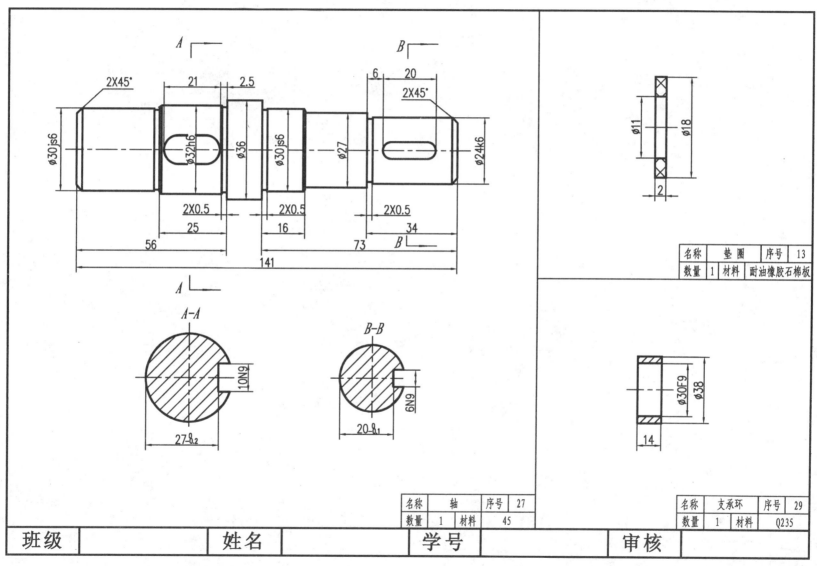

名称	垫圈	序号	13
数量	1	材料	耐油橡胶石棉板

名称	轴	序号	27
数量	1	材料	45

名称	支承环	序号	29
数量	1	材料	Q235

班级		姓名		学号		审核	

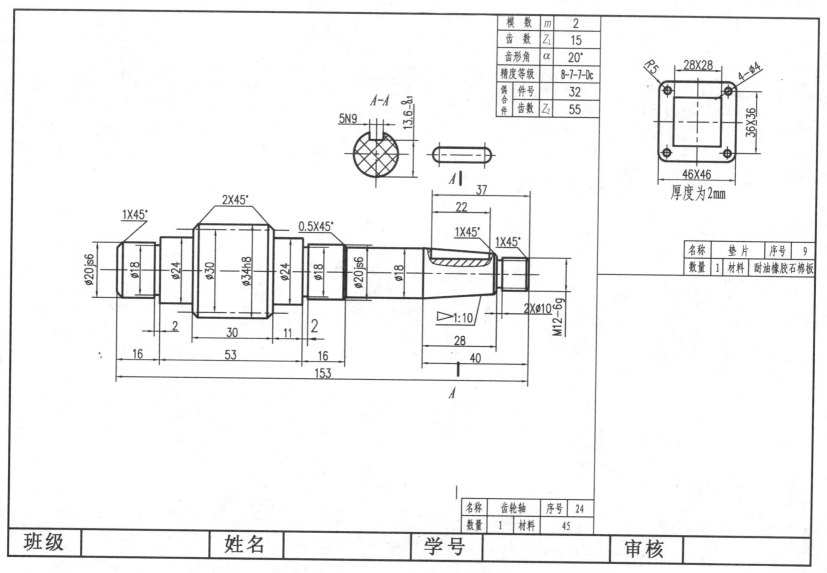

模 数	m	2
齿 数	Z_1	15
齿形角	α	20°
精度等级		8-7-7-Dc
偶合件	件号	32
	齿数 Z_2	55

A-A

5N9

$13.6_{-0.1}$

A

A

2X45°

1X45°

0.5X45°

Ø20js6

Ø18

Ø24

Ø30

Ø34h8

Ø24

Ø18

Ø20js6

Ø18

37

22

1X45°

1X45°

▷1:10

2XØ10

M12-6g

2

30

11

2

28

16

53

16

40

153

A

R5

28X28

4-Ø4

36X36

46X46

厚度为2mm

| 名称 | 垫 片 | 序号 | 9 |
| 数量 | 1 材料 | 耐油橡胶石棉板 | |

| 名称 | 齿轮轴 | 序号 | 24 |
| 数量 | 1 材料 | 45 | |

| 班级 | | 姓名 | | 学号 | | 审核 | |

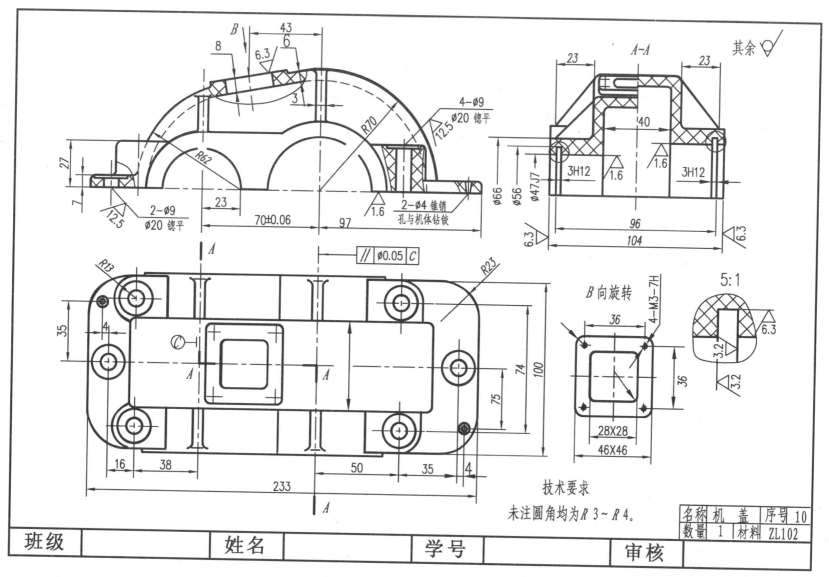

其余 ∨

A–A

B 向旋转

5:1

技术要求

未注圆角均为 R 3～R 4。

名称	机 盖	序号	10
数量	1	材料	ZL102

班级		姓名		学号		审核	

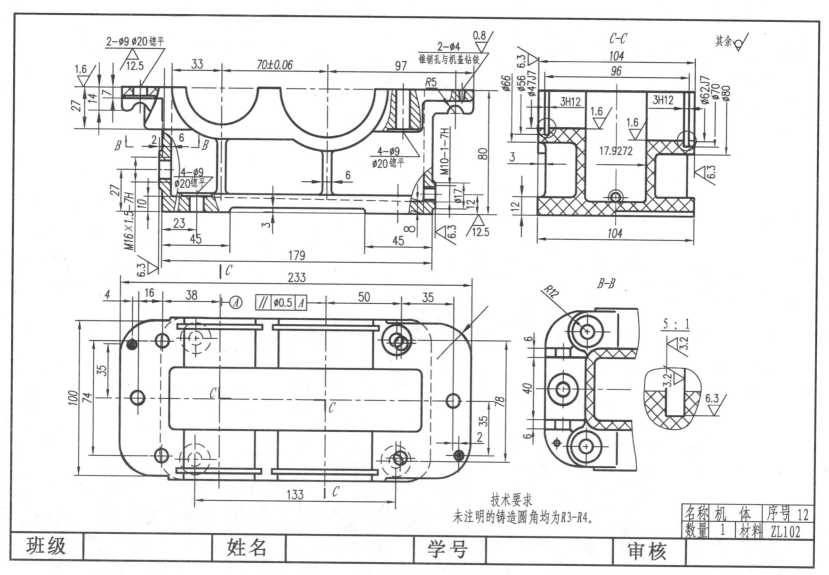

技术要求
未注明的铸造圆角均为R3-R4。

名称	机 体		序号	12
数量	1	材料	ZL102	

班级		姓名		学号		审核	

参考文献

[1] 编写委员会. 机械制图国家标准汇编[M]. 北京:中国标准出版社,2010.

[2] 杨惠英,王玉坤. 机械制图习题集[M]. 2版. 北京:清华大学出版社,2007.

[3] 刘小群. 机械制图习题集[M]. 哈尔滨:哈尔滨工程大学出版社,2009.

[4] 余萍. 机械制图习题集[M]. 北京:北京理工大学出版社,2007.

图书在版编目(CIP)数据

机械制图习题集 / 赵柏森，陈勇亮主编. --南京：
南京大学出版社，2016.8
高职高专"十三五"规划教材. 机械专业
ISBN 978 - 7 - 305 - 17310 - 3

Ⅰ. ①机… Ⅱ. ①赵… ②陈… Ⅲ. ①机械制图—高
等职业教育—习题集 Ⅳ. ①TH126—44

中国版本图书馆 CIP 数据核字(2016)第 171305 号

出版发行　南京大学出版社
社　　址　南京市汉口路 22 号　　　　邮　编 210093
出 版 人　金鑫荣
丛 书 名　高职高专"十三五"规划教材·机械专业
书　　名　机械制图习题集
主　　编　赵柏森　文　颖
责任编辑　陈辉殿　吴　华　　　　编辑热线　025 - 83597087

照　　排　南京理工大学资产经营有限公司
印　　刷　南京大众新科技印刷有限公司
开　　本　787×1092　1/16　印张 13　字数 200 千
版　　次　2016 年 8 月第 1 版　2016 年 8 月第 1 次印刷
ISBN　978 - 7 - 305 - 17310 - 3
定　　价　28.00 元

网　　址：http://www.njupco.com
官方微博：http://weibo.com/njupco
微信服务号：njuyuexue
销售咨询：(025)83594756